2014 年度教育部人文社会科学研究规划基金项目
基于"昆曲艺术视觉符号"的家纺产品造型设计与工艺实现研究（14YJA760004）

艺上的昆曲

昆曲艺术视觉符号
在家纺产品设计中的应用研究

高小红　雷　杨／著

国家一级出版社　　中国纺织出版社　　全国百佳图书出版单位

内 容 提 要

本书对昆曲艺术视觉元素进行了梳理，并在此基础上探讨了昆曲艺术视觉元素在现代艺术设计中的符号化应用，以家纺产品造型设计和整体设计为载体，通过文字说明、图片和案例分析，对昆曲艺术视觉符号在家纺产品设计中的应用方法、过程和特点等进行了详尽的解析。

本书以专业的眼光和独特的视角，为中国传统文化元素在现代艺术设计，特别是在家纺产品设计中的应用，提供有价值的基础理论与可借鉴的参考实例，也为从事或喜爱家纺产品设计工作与学习的人，提供了非常直观的、理论与实践相结合的书籍文献资料。

图书在版编目（CIP）数据

布艺上的昆曲：昆曲艺术视觉符号在家纺产品设计中的应用研究 / 高小红，雷杨著 . -- 北京：中国纺织出版社，2018.12

ISBN 978-7-5180-5352-0

Ⅰ. ①布… Ⅱ. ①高… ②雷… Ⅲ. ①昆曲—视觉形象—应用—家用织物—设计—研究 Ⅳ. ①TS106.3

中国版本图书馆 CIP 数据核字（2018）第 202254 号

策划编辑：孔会云　　责任编辑：沈　靖　　责任校对：王花妮
责任印制：何　建

中国纺织出版社出版发行
地址：北京市朝阳区百子湾东里 A407 号楼　邮政编码：100124
销售电话：010 — 67004422　传真：010 — 87155801
http://www.c-textilep.com
E-mail:faxing@c-textilep.com
中国纺织出版社天猫旗舰店
官方微博 http://weibo.com/2119887771
天津千鹤文化传播有限公司印刷　各地新华书店经销
2018 年 12 月第 1 版第 1 次印刷
开本：710×1000　1/16　印张：15.75
字数：300 千字　定价：128.00 元

前言

　　昆曲是我国历史悠久且被载入联合国教科文组织世界文化遗产名录的剧种，是中华民族五千年文明史上极具意蕴的艺术瑰宝。昆曲唱腔华丽、念白儒雅、表演细腻、舞蹈飘逸、置景完美，在各个方面都达到了戏曲表演的最高境界，是亟待传承并发扬的优秀传统文化。随着白先勇先生编排的青春版《牡丹亭》的世界公演，随着全国七大昆剧院着力打造的青春版《红楼梦》的世界公演，昆曲艺术的华美瑰丽已亮相于世人面前，人们对于具有六百年历史的百戏之祖迷恋、流连，对昆曲艺术的欣赏甚至成为一种文化符号和标签，对昆曲艺术的研究也日益重视。

　　此外，随着我国扩大内需消费的经济政策出台，特别是住宅消费、旅游消费的迅速增长，我国家用纺织品行业发展迅猛，已成为极具活力和潜力的又一大经济增长亮点。同时，随着人民生活水平的提高，人们对居住环境的要求也越来越高，渴望拥有一个充满情趣、自由舒适的生活空间和精神家园。在满足数量和使用功能的前提下，消费者对所使用的家纺产品提出了审美、内涵、文化等更高的情感需求。

　　与日益提升的消费需求相比，我国家纺产品的设计开发能力明显不足。其一是家纺产品设计的原创性不足，在对西方流行文化的学习参考中，产品设计疏离了自己优秀的传统文化，偏离了洋为中用的本义，出现了急功近利式的模仿，没能很好地将民族元素与世界流行元素有机融合，最终导致了产品缺乏原创性，在世界大市场中不具备本应有的民族品牌竞争力。其二是整体家纺、系列家纺产品的设计推广能力不足，虽然整体家居概念在我国提出已有七八年的时间，但到现在，市场上的产品还是以单品或狭义的小配套为主，各大家纺品牌只是在展会上、专卖店的陈列展示中才彰显一下整体家纺、系列家纺的设计功力。

本书的研究内容主要包括昆曲艺术视觉元素研究，昆曲艺术视觉元素的符号化方法研究，昆曲艺术视觉符号在家纺产品造型设计、整体设计中的理论与实践研究以及昆曲艺术视觉符号在家纺产品中的工艺表现研究，重在通过实例研究来探讨昆曲艺术文化与现代家纺设计文化相结合的可行性。本书选取最具昆曲文化意蕴的妆面、服饰、乐器、砌末、人物动态以及剧目情节、唱词、念白等视觉元素，以典型家纺、系列家纺、整体家纺为载体，探索将昆曲艺术视觉元素通过符号化融合于现代家纺产品设计中的应用理论，并在理论的指导下进行家纺产品的设计实践，旨在创造出既具有当代时尚审美特征，又具有典型中国文化特色、富有强烈民族气息和亲切感的家纺产品，使其呈现出坚实而深厚的文化底蕴，最终能造福大众、为中国家纺设计的文化功力打下坚实的基础。

我国家纺行业蓬勃发展，人民对家纺产品的消费需求日益提高，在设计开发能力明显不足的情况下，本书将古老而瑰丽的昆曲与现代而时尚且和生活息息相关的现代家纺产品设计相结合，对探索一条植根于中国传统文化基础之上、有广泛市场和发展前景的现代家纺产品设计之路，对新时代昆曲艺术的传承与发扬，都具有积极的意义，并希望能够抛砖引玉，产生更为广泛而良好的社会效应。

在本书写作前期，即昆曲艺术视觉符号的资料搜集、整理过程中，邹启华、周青奇老师做了很多贡献，没有他们的辛勤付出，也不会有本书的最终出版，在此深表谢意。

作者
2018 年 9 月

第一章

昆曲艺术的了解与思考

进入 21 世纪，来自世界的多元文化思潮使我们更加清楚地认识到，民族的才是世界的。只有被人民大众认可的、具有深厚文化底蕴与历史价值的文化，才富有鲜活的生命力，真正而持久地在历史长河中璀璨闪耀，成为民族的文化瑰宝。昆曲艺术正是这样的文化瑰宝，在其六百多年的历史进程中涌现出了无数具有深厚文化底蕴的代表符号，就与艺术设计关系更为密切的视觉符号来说（如华美独具的妆面符号，飘逸唯美的服饰符号，写意虚实的砌末符号），不仅传递着唯美的视觉信息，更代表着中国传统文化的信仰与观念。在当下竞争激烈的国际设计舞台上，一个出色的设计符号是设计师汲汲以求的，面对昆曲艺术这块沃土，设计师更要不断汲取灵感与养分，使中国的现代艺术设计在国际设计舞台上绽放独特的民族文化魅力。当然，设计的推广与传播又能够为昆曲艺术自身的传承与发扬做出积极贡献，产生更为广泛而良好的社会效应。

第一节　初见昆曲

昆曲，也称昆剧，是我国现存戏曲剧种中历史最悠久、影响最深远、最能表现民族传统的剧种之一，2001 年 5 月 8 日被载入联合国教科文组织世界文化遗产名录，成为我国第一张世界级非遗标签。就表演层面来说，昆曲艺术唱腔华丽、念白儒雅、演艺细腻、舞蹈飘逸、置景完美，在各个方面都达到了戏曲表演的最高境界，是中华民族五千年文明史上极具意蕴的艺术瑰宝；从文化层面来看，昆曲艺术集诗词歌赋、散文小品、小说戏剧于一身，融文学、歌曲、舞蹈、美术、表演于一体，拥有多元而深厚的文化意蕴，是中华传统文化的代表和象征。尤其是 2004 年以来，著名作家白先勇先生策划、编排的青春版《牡丹亭》的世界巡演，以及 2009 年集全国七大昆剧院之力着力打造的青春版《红楼梦》的世界公演，使昆曲艺术更成为现代人的一种文化情结，逐渐演变成一种文化符号，其象征意义已远远大于它自身了。

昆曲至今已有近六百年的历史，最早可上溯到明成化至嘉靖年间（1465~1566 年）。一般认为，明朝嘉靖年间魏良辅钻研创造出了融南北曲诸腔于一体，并加以提炼的清丽细腻的水磨腔，即昆曲别具一格的声腔艺术。这种艺术，以"婉丽妩媚、一唱三叹"而著称，在诞生之初就博得了文人雅士、贵族阶层的喜爱，成为明代中叶至清代中期影响最大的声腔剧种之一，并在其从繁盛到逐渐式微的过程中，对很多剧种产生了深远的影响，被称为"百戏之祖，百戏之师"，有"中国戏曲之母"的雅称。

作为戏曲表演艺术，昆曲自身由许多元素组成，包括唱腔、剧本、表演、音乐、化妆、服饰、砌末等。

昆曲的唱腔被称为"水磨调"，继承发展了南曲的唱腔风格与艺术成就，而且吸收融合了北曲宫调、平仄的严谨结构，节奏上出现了扩充音乐布局空间的赠板，演唱技巧细腻丰富，注重声音的控制、节奏速度的徐疾以及咬字发音的清准，并有"豁""叠""擞""嚯"等腔法的区分，其缠绵婉转、柔曼悠远的特点极为突出，形成了昆曲如江南水磨般细腻柔情、清丽悠远的风格特征。

昆曲的剧本是南戏的传奇和昆曲剧作家创作的，大多是古代戏曲文学中的不朽之作，如《牡丹亭》《长生殿》《桃花扇》等。剧本中的曲文秉承了唐诗、宋词、元曲的文学传统，曲牌则有许多与宋词元曲相同，这为昆曲艺术奠定了深厚的文化基础，也造就了一大批昆曲作家和音乐家，如梁辰鱼、汤显祖、洪升、孔尚任、李渔等，他们都是中国戏曲和文学史上的杰出代表。表演，"歌舞合一，唱做并重"是昆曲的表演体系，是在唱段中伴以舞蹈来表现人物的内心情感，使演唱与身段巧妙、和谐地结合。

昆曲形成了以笛、管、笙、琵按节而唱、管弦相协的音乐体制，将弦索、箫管、板鼓三类乐器融合在一起，极大地丰富了音乐承载力与表现力，创立了规模完整的乐队伴奏，为戏曲舞台组织调度及虚拟场景的气氛营造奠定了良好的技术基础。

根据不同的角色家门，昆剧的化妆方式、发型、头面佩戴都有特定的规范，妆面更要遵循严格的造型程式。昆曲传统化妆一般分生、旦妆与净、丑妆。生、旦化妆表现为肤色白净、红润，面貌端正俊秀，为"俊扮"；净、丑化妆也称涂面化妆，表现为用黑、红、白等色彩将原来的面目涂去，画上规定谱式的夸张图案，为丑扮，丰富的昆曲妆面具有极强的艺术表现力。

昆曲的服饰是以明代服饰为原型并经艺术加工而自成一体的艺用类服饰，主要包括有蟒、帔、靠、褶、衣五大类。不同类别在造型、色彩、图案、材质、款式等方面都表现出独有的艺术特色，最为突出的是舞台上白色水袖与演员舞蹈的完美结合，在一张一弛的线条美中诠释角色的喜怒哀乐。

砌末即昆曲演出时的道具布景，如潘必正所用的折扇、陈妙常所弹的古琴、关云长的大刀、杨贵妃宴饮的杯盏和出行的仪仗，包括用以表现特定环境的大帐、旌旗、高台等。昆曲砌末的使用秉承写意手法，以虚当实，在意蕴上与昆曲的传统雅致风格相一致。

可以说，昆剧是用演唱、舞蹈来视觉呈现的高雅艺术，恰如文学中的《红楼梦》、音乐中的《高山流水》、国画中的《姑苏繁华图》、书法中的《兰亭集序》、建筑中的圆明园。

第二节　昆曲的艺术特色

　　受中国文化传统理念与审美理想模式的影响，中国的戏曲舞台艺术都讲究一种意境美，而昆曲艺术更是以诗情画意的演出形态来呈现其清、淡、精、雅、真、意的艺术特色。

一、艺术特色之"清"

　　昆曲艺术特色之"清"突出表现在气韵清灵的开场。没有繁复的华服，没有生活化的立体布景，幕开之际，空旷的舞台上一曲轻笛悠然声起，演员还未出场，清细的琵琶、中阮、古筝、笙箫慢慢缠绕上来，正是江南丝竹的清音织出了轻灵细密的薄锦，又好似空旷的画面上渐渐生气流动，如墨入水中，或洇开于纸上。此时，静听婉转悦耳的昆曲水磨调，其放慢的节拍、丰富的装饰性花腔，音符虽密集繁复，听来却鲜有剧烈起伏，节奏清晰、平滑、舒展，接着演员从幕后走出，眼神、身段、步伐、手势和气息配合着清丽优雅的旋律舞蹈，展示典型江南人物的温润韵致（图1-1）。

图1-1　青春版《牡丹亭》昆剧中的杜丽娘

二、艺术特色之"淡"

昆曲艺术特色之"淡"随着演员的亮相而明白地显现出来。第一，是妆面的自然清淡。如同旦角妆面的京剧化妆，昆曲演员只在眼角刷上淡淡的桃红，化妆重点不过是眉梢眼角的修饰，演员的真容更多地显露出米，而京剧旦角的整张脸大部分都要涂抹上红色（图1-2）。第二，是服饰的色彩淡雅。昆曲服饰用色，是在传统戏曲服饰上下五色系统的基础上，更加柔化色彩对比，将主色调变化调和成和谐古朴的色系，并搭配上好的苏绣纹样，而刺绣图案的用色也重视以单色调为主，减少对比色并减弱色彩的调性。如图1-3所示的青春版《牡丹亭》的昆剧服饰，其刺绣色样就是运用纯色渐变的苏绣，以五个色阶为变化基础，产生一种具有晕染效果的素朴色调。这样的设计既不失传统服装的绚丽精美，又能够获得含蓄和谐的舞台效果。第三，是昆曲表演的淡而能厚。昆曲表演具有写意的特点，演员虚拟的动作看似随意空洞，实则淡而有力，在细腻的表演中具有丰富的表现能力。如《牡丹亭》中的《游园》一折，杜丽娘一边吟唱"姹紫嫣红""断井颓垣""云霞翠轩""烟波画船"，一边以如诗如画的舞姿、造型，演绎出春的生命力和人的愉悦感，使观众如临其境，仿佛被带到了那个美丽如画的景色里，而其实这些美景在舞台上并不存在，演员的表演将空旷单调的舞台点缀得流光溢彩，美不胜收。正如高

图1-2 旦角剧照

图1-3 昆剧服饰

马德先生的戏剧人物画，极为简淡却十分传神雅致（图1-4）。

三、艺术特色之"精"

昆曲艺术特色之"精"表现在昆曲艺术的各个方面，在表演、行腔、化妆、服饰、舞美等环节都力求精致细腻。

昆曲的精致细腻首先表现在旦戏中，以《游园惊梦》为例，封建时代的女性是非常封闭的，剧中的杜丽娘长到16岁，不知道自己家里有个后花园，是丫头春香去"探险"才发现的。原来的表演是，杜丽娘

图1-4 高马得的戏曲人物

见到柳梦梅马上用手遮住脸，柳梦梅想看她的脸，用袖子压下她的手，她立刻又换另一只手来遮住。柳梦梅拉她，她不肯走，但心里又愿意，就把袖子垂下，让柳梦梅牵着她的水袖，半推半就。这种表演非常细腻，现代人想不出，因为没有这种生活体验。很多人看昆曲，唱词听不懂，但表演看得懂，就是因为表演细腻。

不仅最主要的生旦戏如此，即使是南戏中少有的武戏表演，也同样感情细腻、动作层次丰富而清晰。如《虎囊弹·山门》一折，从头到尾都是武打，但鲁智深的表演一招一式却张弛有度，层次清楚，特别是模仿十八罗汉的表演，动作细腻而形象（图1-5），逼真地表现出鲁智深的醉态、不羁与深厚的武功，加之音乐与武打动作的配合，形成了轻松诙谐的表演风格，虽然是武戏，却具有强烈的抒情性。

昆曲行腔优美，以缠绵婉转、柔曼悠远见长。在演唱技巧上，注重声音的控制、节奏速度的顿挫疾徐、咬字吐音的清准以及场面伴奏乐器的齐全。昆曲妆面的用色、敷粉底，昆曲服饰的用料、花样都十分讲究，服装款式也重视表演中体态曲线的清晰可见，每件服装"行头"都需要熨烫妥帖，配合演员们行云流水般的身段，在举手投足间尽显角色的风流蕴藉和气度不凡。昆曲艺术之"精"是需要付出极大的精力才能打磨出来的。

图 1-5 《虎囊弹·山门》中的鲁智深

四、艺术特色之"雅"

昆曲艺术特色之"雅"首先表现在昆曲的唱词上。在江南"雅"文化土壤中生成的昆曲艺术对"雅"的追求乃是一种与生俱来的本色。好的昆曲剧本本身就是优秀的文学作品，再经过后人的点评琢磨，形成以风雅绮丽为要义的唱词，加上与音乐、舞蹈的珠联璧合，则更加典雅清丽。

昆曲艺术特色之"雅"其次表现在经过长期精心打磨而成的"水磨调"上。行腔表现清丽悠远、一唱三叹，毫无烟火气，演员在江南丝竹中旖旎而行，移步换景，一幅生动的画卷便在想象中自然展开。

昆曲艺术特色之"雅"还表现在角色造型的清丽淡雅上。从妆面、服饰色彩、服饰的丝绸材质和服饰的精致工艺，都表现出对雅趣、雅意的追求。无论是《牡丹亭》中拥有超越生死深情的柳梦梅和杜丽娘，《思凡》中体会惊世骇俗私情的小和尚本无与小尼姑色空，还是《桃花扇》中清高节烈的李香君，都深谙优雅之旨，以鲜明、个性的形象来打动观众，引人进入一幕幕精妙写意的画境。即便如《虎囊弹》中粗犷的鲁智深、谐谑的酒保（图 1-6），也展现出清雅细腻的意境，其中所增添的几笔豪放、雄奇、丑

图1-6 《虎囊弹》中的鲁智深和酒保

图1-7 《西厢记》中的崔莺莺与红娘

怪的色彩，也毫无粗野狂怪的习气，表演中情感细腻、动作层次清晰，是审美与精神上更高层次的"雅"。

五、艺术特色之"真"

昆曲艺术特色之"真"是指昆曲艺术的真情美，是昆曲艺术中表现的对爱情、友情、亲情的勇敢追求，以及对封建、虚伪、陈旧、僵化的唾弃与批判。昆曲艺术通过"真"的表达，来传递中国古典戏曲文化所折射的思想精神，即对封建桎梏的反抗与批判。

《西厢记》（图1-7）作为昆曲艺术的现实主义杰作，讲述了穷书生张君瑞与相国小姐崔莺莺相遇、相知的爱情故事。通过红娘的帮助，为争取婚姻自主，敢于冲破封建礼教的禁锢而私下结合，大胆表达了对封建婚姻制度的不满和反抗，以及对美好爱情的憧憬和追求。鲜明的反封建礼教和封建婚姻制度的主题在小小的昆曲舞台上表现得淋漓尽致。

六、艺术特色之"意"

昆曲艺术特色之"意"是指昆曲艺术的写意性。昆曲艺术不像西方戏剧那样具有精确摹仿现实的写实性，它是以写意性的表现手法，把生活的自然形态提炼为具有典型意义的艺术程式，将生活语言化为写意的诗歌艺术，将生活行为与表情化为写意的舞蹈与表演艺术，将生活环境化为写意的布景与砌末艺术，将生活中的人物化为写意的脸谱、化妆和服饰艺术，以来源于生活而又非生活自然形态的艺术美来认识和再现。如昆曲中以布城代表城池、以一桌二椅（图1-8）代表室内空间环境，即是布景写意特征的表现；以马鞭代表马、以酒壶和酒杯代表酒宴，即是砌末写意特征的表现；不同人物穿着不同色彩、图案、纹样的戏衣，体现不同的性格，即是服饰写意特征的表现；元宝脸暗含元宝造型、歪脸暗示帮凶、黑色脸谱象征刚正不阿、红色脸谱象征忠勇侠义，即是妆面写意特征的表现。因此，昆曲艺术重神似、重意境，讲究以形寓神、以虚代实、以少总多、以无胜有的辩证法。

昆曲艺术清、淡、精、雅、真、意的特色，在表演中融合为一个有机整体，臻至化境，成就其永恒的艺术魅力和价值。

图1-8 《玉簪记》中以一桌二椅代表庙堂空间

第三节　布艺与家纺产品设计

　　布艺，即布上的艺术，是中国传统民间工艺中一枝瑰丽的奇葩，是以布为原料，集民间剪纸、刺绣、制作工艺为一体的综合性艺术，主要应用于服装、鞋帽、床帐、挂包和其他如头巾、香袋、荷包等小件的装饰中（图1-9）。在现代，布艺又被赋予了另一种含义，是指以布为主料，经过艺术加工，达到一定的艺术效果，满足人们生活需求的家用纺织产品——家居环境中所使用的装饰用纺织品，从这个层面来说，布艺与家纺产品的概念相重合。在本书的论述中，布艺、家居布艺、布艺产品、家纺产品为重合概念。其实，传统布艺手工和现代家居布艺之间没有严格的界限，传统布艺可以很自然地融入现代家居布艺装饰之中。

图1-9　布艺荷包

一、家纺产品的设计内容

　　家纺产品设计是一门综合性的艺术，既要体现材质、款式、花色、工艺等多方面的美感，也要体现艺术与技巧的整体美学。家纺产品的设计内容可分为视觉性设计内容和技术性设计内容，视觉性设计内容包括造型设计、配套设计乃至整体设计，技术性设计内容包括结构设计和工艺设计。

（一）视觉性设计内容

　　家纺产品的造型设计是指家纺产品的款式（形状轮廓）及其与面料、色彩相结合的设计，即运用款式变化、面料材质和色彩搭配、纹样配置等手段来塑造产品的艺术形象，体现面料的质感肌理和花纹色彩。突出款式的形态特点和造型美感，是使家纺产品的实用性和装饰性（图1-10）完美呈现的至关重要的手段。

图1-10 款式、色彩、纹样的装饰性

家纺产品的配套设计狭义上是指将具有某一共同装饰作用或针对同一使用目标的产品搭配组合成套，如床品套件、卫浴马桶蒙饰套件、厨房用隔热套件等。而广义上则是指对一定室内空间所使用的不同装饰对象或具有不同用途的家纺产品的成套搭配，如卧室空间中包含窗帘、床品、地垫、家具蒙饰等多种家纺产品的搭配设计，使其有序地组合成统一的整体，在这里，配套设计延伸为整体设计。

家纺产品的整体设计，也被称为整体家纺，指在一定居室空间内，不同功能和用途的布艺装饰在风格、材料、色彩、图案、款式、工艺等方面所表现的个体之间相互呼应、联系与有序组合的整体性。同时，布艺装饰还要与居室的装修风格相统一，获得软、硬装饰互为映衬、补充的和谐效果。家纺产品的整体设计更强调布艺装饰是家居整体装饰的有机组成部分（图1-11，彩图1）。

图1-11 餐厅空间的家纺产品整体设计

（二）技术性设计内容

家纺产品的结构设计是指依据造型设计图，按照一定的计算方法、绘画法则及变化原理，转化立体造型为平面结构，并绘制平面结构图的一种设计形式。

家纺产品的工艺设计是在造型设计和结构设计的基础上，将纸样转变成面料裁片，并通过缝制、熨烫等手段，使平面裁片转化为立体造型成品的一种技术设计。

结构设计和工艺设计的一切活动都是围绕造型设计而展开并服务于造型设计的。造型设计是灵魂，结构设计是核心，工艺设计是实物环节，三者相辅相成，家纺产品的设计追求技术与艺术的协调统一。

单品设计的拓展为配套设计，再进一步延伸到整体设计。整体设计能够更好地满足人们对家居文化、家居氛围的需求，为受众营造或经典、或时尚、或个性、或温馨浪漫、或返璞归真的家居空间。

二、家纺产品的造型设计要素

家纺产品造型设计的要素包括材料、图案、色彩与款式。

（一）家纺产品造型设计与材料

材料是造型设计的物质基础，不同形态、不同用途的家纺产品对材料的外观与性能如织纹、塑形性、悬垂性、吸湿性、舒适性等都有不同的要求。家纺面料的种类、分类方法很多，最通用的是按照纤维的原料将面料分为天然纤维类、化学纤维类以及混纺类。天然纤维类主要包括棉、麻、丝、毛等源于自然界的面料；化学纤维类主要包括再生纤维（如黏胶纤维）与合成纤维面料（如涤纶、锦纶）；混纺类面料主要包括涤棉、毛黏等天然纤维与化学纤维混合纺织而成的面料。特别值得关注的是黏胶纤维在现代家纺设计中获得了充分应用，其中最具代表性的黏胶纤维——天丝，具有棉的舒适性、涤纶的强度、毛织物的豪华美感和真丝的触感及垂坠，被大量应用在高档卧室床品中。

面料的质感风格对于家纺产品的造型设计至关重要。不同面料因织造工艺、基本组织以及后处理工艺不同，会形成不同的视觉效果与质感风格（图1-12）。

现代家纺设计特别强调对织物质感、肌理的运用。表面平坦、光泽一致的面料，适合设计结构复杂的造型；

图1-12 不同面料形成不同质感与风格的家纺产品

表面呈起皱、凸凹立体效果的面料，适合采用简洁的造型来突出面料的表面肌理；轻薄飘逸的真丝面料，适合设计松散型、褶皱效果的造型来表现流动感。棉布、亚麻布、中厚涤棉布等挺括的面料，适合设计轮廓鲜明而精确的靠垫类产品；丝绸面料的光泽可用来表达奢华感；皮革面料的光泽可用来表达现代与未来感；绒毛型面料的柔和温暖适用于寒冷的秋冬季节。面料质感、肌理、风格的获得还可以通过在产品表面运用粘贴、缉缝、抽褶、层叠、镂空等加工工艺来实现，即通过面料的二次造型获得更加丰富、多样和别具特色的质感风格（图1-13）。

图1-13 通过面料的二次造型获得一定的质感风格

（二）家纺产品造型设计与图案

图案设计是家纺产品造型设计的一个重要内容，设计优良的图案能够修饰美化所依附的产品，提醒、引导视线，形成设计的视觉中心，能通过自身生动的造型，将款式、材料、色彩和工艺很好地协调在一起，最大限度地呈现和表达设计主题。家纺产品的图案设计包括利用性设计与专门性设计两大类。利用性设计是利用面料原有的图案进行有目的、有针对性的装饰设计（图1-14），专门性设计是针对某一特定家纺产品所进行的图案设计。专门性设计的图案更能够契合当前多元化、个性化的设计潮流，通过图案的装饰点缀，使原本单调的产品产生层次、格局、色调的丰富变化（图1-15）。

家纺产品的图案应用非常广泛，按照图案的构成形式可以分为单独纹样（图1-16，彩图2）、二方连续纹样（图1-17）和四方连续纹样（图1-18）。单独纹样具有相对独立性、完整性，包括自由纹样与适合纹样；二方连续纹样将

图1-14　利用面料原有的图案进行的利用性设计

图1-15　针对婚庆床品而进行的专门性图案设计

单独纹样按左右或者上下方向连续排列而成；四方连续纹样将单独纹样向上、下、左、右四个方向有规律地重复排列而成。这些图案纹样可以使用多种工艺技法来表现，包括印花、扎染、手绘、蜡染、夹染、编结、刺绣、

图1-16　单独纹样

图1-17　二方连续纹样

图1-18　四方连续纹样

贴布、拼布、珠绣、多材质混合等。现代家纺设计特别强调采用不同的图案和多种工艺技法的组合来展示丰富的视觉效果，获得引人入胜的或平面、或立体、或平面和立体结合的装饰性效果（图1–19）。

图 1–19　特殊材质通过工艺获得独特的视觉效果

（三）家纺产品造型设计与色彩

　　色彩在家纺产品造型设计中占有重要地位，"远看颜色近看花"，指的就是家纺产品视觉性设计中色彩的突出性。家纺产品的色彩设计首先要关注使用者的生理和心理感受，利用色彩的情感特点来有效调节大众的心理情绪；其次家纺产品的色彩设计要随着时代而"标新""立异"，要注重将流行色引入其中，追求色彩的多样性、丰富性和时尚性，为大众设计出美而符合时代风貌的产品；最后，家纺产品的色彩设计要考虑所服务的人群特点、时间和空间因素，使家纺产品能够与室内环境、自然环境、社会环境融合共生，使用户与设计产生共鸣，获得生理和心理上的双重审美体验（图1–20，彩图3）。

图 1–20　家纺产品色彩与环境的共生

　　家纺产品的色彩是通过不同材质的面料表现出来的，面料的纤维材料、织物结构、后整理工艺都会影响所呈现的色彩效果，同一个色相的颜色应用于不同的面料材质上，会产生不同的色彩情感。丝绸会使色彩显得鲜艳、华丽，棉布会使色彩显得浓郁、厚重，亚麻布则会使色彩显得自然、古朴（图1-21）。现代家纺产品设计特别强调在色彩设计时要充分考虑面料的材质特点，恰当地处理色彩与材质的关系，使最终的色彩效果能够最大限度地接近设计构想，契合设计主题，表达风格情调。

图1-21　相同色彩在麻、棉、丝不同面料材质上的表现

（四）家纺产品造型设计与款式

　　款式即家纺产品的内、外部造型样式，一般由外部轮廓、内部结构和部件等组成。款式设计是家纺产品造型设计的主体，它可以决定家纺的材质、图案、色彩最终成为怎样的产品。第一，家纺产品的款式设计要符合被装饰对象结构外形的要求，不同的被装饰对象造就了繁多的家纺款式。家纺产品主要应用于窗、床、坐具、地面等对象，因此，典型的家纺产品主要包括靠垫类、床品类、帷幕遮饰类、家具蒙罩类、地面铺设类、餐厨类、卫生盥洗类和实用壁挂类。第二，家纺产品的款式设计受到使用对象、功能、环境的制约，它与室内的装饰风格、材质、纹样等密切相关，对应于不同的室内空间，家纺产品被分为客厅类、卧室类、餐厨类、卫浴类和玄关类，而空间不同，款式设计的侧重面也有所不同，但都以满足功能性、使用性、审美性为目的。第三，家纺产品的款式设计受到时代风貌、科学技术、民族文化、生活习俗等因素的影响。款式设计虽然属于形式美要素，但设计的创意、艺术格调、文化内涵等一切精神层面上的要求，都要通过款式设计来体现（图1-22，彩图4）。

图 1-22 中式风格的靠垫款式

三、家纺产品的造型工艺

设计艺术是艺术与科学技术相结合的产物，它离不开工艺的支撑，家纺产品设计也是如此。在家纺产品造型与工艺系统中，造型设计是灵魂，是家纺产品的构成框架模型，具有丰富的寓意和内涵；造型工艺是物质基础，是表达家纺三维实物设计美的工艺方法和手段，它包括对家纺产品款式设计样稿的审视、相关尺寸测量与规格设计、样板设计与制作、排料裁剪、面料装饰、缝制整理等内容。家纺产品造型工艺涵盖了家纺造型设计学、纺织品材料学、设计美学、结构设计学、家纺生产工艺学等方面的知识内容，是将艺术与技术相互融合、理论与实践密切协调的实践性较强的综合性技术，是家纺设计中将二维观念转化为三维造型实体的不可或缺的环节。

家纺产品的造型工艺注重设计工艺表达的合理性，要求造型工艺能够最大限度地表达设计者的设计构思。结构设计能够与缝制工艺相匹配，造型设计的外部轮廓、内部结构、部件及其组合方式能够符合结构、缝制工艺的规律，工艺设计能够节约成本，创造好的经济效益。

第四节　昆曲艺术视觉符号对家纺设计的影响

一、昆曲和家纺设计的关系

随着我国扩大内需消费经济政策的出台，特别是住宅消费、旅游消费的迅速增长，我国家居布艺行业发展迅猛，已成为极具活力和潜力的又一大经济增长点。同时，随着生活水平的提高，人们对宜居的要求也越来越高，都渴望拥有一个充满情趣、自由舒适的、属于自己的生活空间和精神家园。也就是说，消费需求水平在提升，消费者对所使用的家纺产品在满足数量、功能的前提下，提出了更高的审美、内涵、文化等情感需求。然而，与世界先进水平相比，我国的家纺产品设计开发能力明显不足。

首先，家纺产品的原创性不足。在对西方流行文化的学习参考中，在设计中疏离了自己优秀的传统文化，偏离了洋为中用的本义，出现了急功近利式的模仿，没能很好地将民族元素与世界流行元素有机融合，最终导致产品缺乏原创性，在世界家纺市场中不具备本应独有的民族品牌竞争力，长此以往，必将失去自己的设计语言，成为无本之木。

其次，整体家纺产品、系列家纺产品的设计推广能力不足。虽然整体家居概念在我国提出已有十几年，但目前市场上的产品还是以单品或狭义的小配套为主，各大家纺品牌只是在展会上、专卖店的陈列展示中才彰显一下整体家纺、系列家纺的设计功力，而在欧、美、日等发达国家，系列化设计、整体家居配套设计理念则早已深入人心，许多设计师不只是纺织品设计师，同时还是家具设计师，并参与到室内环境的艺术设计中，表现出非常好的专业综合素质与全局掌控力，在这一点上，我国本土的家纺设计水平还有很大的差距。如何设计开发出既有时代性和时尚性，又有中国特色的家纺产品，是当前亟待解决的问题。

昆曲是中华民族五千年文明史上极具意蕴的艺术瑰宝。其唱腔华丽、念白儒雅、表演细腻、舞蹈飘逸，置景完美，在各个方面都达到了戏曲表演的最高境界，是亟待传承并发扬的优秀传统文化。昆曲艺术视觉符号，根植于深邃悠长的昆曲美学文化之中，在其六百年的历史传承中形成了特定的文化内涵，形成了具有凝聚力的审美特征，同时随着时代的变迁得以升华，成为了超越民族与国界、时空与地域的优秀传统文化符号，是中华民族珍贵的、特有的设计元素。其娴雅整肃、清俊温润的艺术风格，华美独具的脸谱、妆容和发饰，龙、凤、鸟、兽、虫、鱼、花卉、云、水等图形，红、黄、蓝、白、黑、紫、粉等色彩，袍服、水袖、发饰等形态，领、扣、结、衩等部件细节，镶、嵌、滚、绣等装饰工艺，丝绸、织锦、绫锻等传统面料，扇、伞、巾、帕等道具，笛、笙、琵琶等乐器，为现代家纺设计提供了丰富的设计灵感和源泉，若能将这些优秀的传统元素合理地运用，必将产生良好的市场效应和艺术价值。

二、昆曲艺术视觉符号对家纺设计的促进

（一）提升产品的审美内涵

昆曲艺术视觉元素，是历经六百年的发展保存下来的、能够传递昆曲艺术文化信息的符号，将它们应用在家纺产品设计中，能够赋予产品以独特的形式美感和古典情趣，提升其审美意蕴和内涵。在家纺产品造型设计中应用昆曲艺术视觉元素，既要展现其形式美感，又不能囿于原来的传统形式，而是要通过提取、简化、变形等现代符号化手段进行再创造，最终为大众提供符合现代审美、丰富而具有设计感的优质产品。

（二）提升产品的精神附加值

昆曲艺术视觉符号是中华民族精神文明的产物，是人们记忆和情感的体现，将其应用于家纺产品设计中，使其成为使用者与家纺产品进行情感交流的纽带，能够提升家纺产品的精神附加值。情感是人在使用产品过程中对产品产生的一种心理反馈，情感体验的结果直接影响人们对产品的认可度。昆曲艺术视觉符号具有文化性和社会性，当它以视觉形式呈现在产品中时，会带给使用者不同的情感记忆与共鸣，能够唤起使用者内心的某种记忆和情愫，从而产生心理愉悦，甚至情感寄托，进而使家纺产品变得更有意义和情

趣，甚至附有精神价值。

（三）提高家纺产品的辨识度

昆曲艺术视觉符号是昆曲文化意识形态的一种表达形式，是中华民族戏曲文化内涵的浓缩，将具有代表性的昆曲艺术视觉元素经过艺术加工，巧妙地运用到家纺产品设计中，既丰富了家纺的形式美感和精神内涵，又能够展示独具特色的家纺设计文化。图1-23所示的家纺产品设计运用了具有昆曲艺术特色的视觉符号——妆面，视觉形态别具一格，传达出独具意蕴的产品内涵。

图1-23　使用妆面符号的纸巾盒

昆曲艺术视觉符号是具有独特意义与魅力的沉淀物，在家纺产品造型设计中创造性地运用，不仅能够美化家纺产品的外在形式，更提升了家纺产品的辨识度。昆曲艺术视觉符号在家纺产品造型设计中的合理运用，为家纺设计的发展提供了新的方向，对我国家纺产品设计的发展具有积极的推动作用。

将传统的昆曲艺术视觉符号与现代的家纺产品设计相结合进行深入研究，探索如何将昆曲艺术视觉符号融合于现代家纺产品设计中，可以为中国家纺的民族化和国际化设计道路以及中国优秀传统文化的新时代传承道路，积累一定的理论基础。探索理论指导下的整体家纺、系列家纺的设计实践，创造出既具有当代时尚审美特征，又具有典型中国文化特色的、富有强烈民族气息和亲切感的整体化、系列化家纺产品，为现代家纺设计，也为相关的艺术设计提供直观的借鉴实例。

我国家居布艺行业蓬勃发展，人们对家纺产品消费需求日渐提升，在设计水平又较国际先进水平有较大差距的情况下，将古老而瑰丽的昆曲与时尚的现代家纺产品设计相结合，对探索根植于中国传统文化基础之上、有广泛市场和发展前景的现代家纺设计具有重要意义。更具价值的是，随着产品的开发推广，还能够为昆曲艺术的传承与发扬做出积极的贡献，产生更加广泛而良好的社会效应。

第二章

昆曲艺术视觉元素研究

昆曲艺术是一门综合性极强的艺术，分解到极致，可以说是由数以万计的元素来构成的，这些元素主要包括听觉元素与视觉元素，立足于艺术设计视角，我们更为关注昆曲艺术的视觉元素，其中有许多典型的、能够代表昆曲艺术美、体现昆曲艺术韵味的视觉元素。从符号学的角度来讲，这些元素以单独或组合的形式呈现，具有对昆曲艺术的指代作用，可以将其理解为昆曲艺术的视觉符号，当它们被设计应用的时候，不仅呈现出视觉之美，更重要的是折射出深刻的文化内涵。对于家纺产品设计来说，这种折射的意义主要表现在文化层面对产品文化内涵的提升、经济层面对产品附加值的提升以及家居应用层面对家居生活品位与格调的提升。

　　作为艺术符号的昆曲视觉符号，是设计思想与内涵的表现性符号，对它的研究，既要探寻其外在的形式表现，更要挖掘其背后的深层内涵。昆曲艺术视觉符号来源于昆曲艺术视觉元素，对符号的研究应该起步于对元素的梳理与探究。

第一节　昆曲艺术视觉元素梳理

昆曲艺术视觉元素，即与昆剧表演相关的所有可视元素，包括妆面（如吊眼、净丑花脸等）、服饰（蟒、帔、靠、褶、衣、头饰、冠帽、鞋靴等）、砌末（写意江南的道具与布景摆设，如扇子、茶盘、窗格、一桌二椅等）、乐器（曲笛、笙、琵琶以及工尺谱等），人物动态形象（唱、念、做、打的生、旦、净、丑的手姿、眼姿、身段等），经典曲目情节的视觉呈现（如《牡丹亭》《长生殿》《琵琶记》等）。对于昆曲艺术视觉符号的研究，主要是挖掘以上元素中能够对昆曲艺术有着符号性指代作用的部分。图2-1对昆曲艺术视觉元素进行了图表式梳理，形成更为系统的分析框架，一是为下一步更加直观地将这些元素、符号应用于家纺设计做铺垫，二是为后续相关研究提供有价值的资料。

图2-1中呈现了昆曲艺术视觉元素的组成，对于上述元素，本书按照如下的研究脉络展开。

1. 妆面视觉元素　昆曲的妆面依角色家门而大有不同，这部分研究是从生、旦、净、丑的角色家门来展开研究。

2. 服饰视觉元素　这部分内容包括昆曲戏衣、头饰、冠帽、鞋靴等。昆曲的服饰美不仅体现在流光溢彩的外形上，而且体现在深厚的文化内涵上，尤其是色彩、图案、布局等元素的深厚意蕴，更加折射出中国传统文化的博

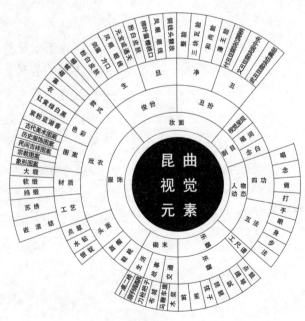

图2-1　昆曲艺术视觉元素梳理

大精深。当然，这些元素属于昆曲，也是中国传统文化中的精华。昆曲服饰视觉元素从艺术设计的角度，依造型、色彩、图案、工艺、装饰来展开研究。

3. 砌末视觉元素 砌末即昆曲演出时的道具与布景，使用秉承写意手法，以虚当实，在意蕴上与昆曲的雅韵风骨相一致。昆曲表演分文场戏与武场戏，这部分内容依文场使用、武场使用的顺序展开研究。

4. 乐器视觉元素 昆曲乐器不同于其他的戏曲乐器，表演时，曲笛为主伴奏乐器，箫管、弦索、板鼓三类乐器融合演奏，形成管弦相协的音色特征，成就了昆剧声腔独特的清丽婉转格调。不仅如此，昆曲的记谱法采用中国传统的特有记谱法——工尺谱，是中国最古老的记谱法之一，具有典型的昆曲艺术的指代性。因此，这部分内容依乐器品类和工尺谱的顺序来展开研究。

5. 人物动态形象元素 昆曲是边唱边舞的艺术，唱得越激烈，舞得越生动。昆曲表演过程中呈现出非常丰富的人物动态，这些动态有局部的手姿、眼姿、步姿等，也有人物整体动态形象，将这些元素用于现代设计，既能切合现代审美的动感要求，又能够清晰地展现昆曲的艺术特点。不同人物形象具有各自不同的动态，这部分内容依做功姿态、打工姿态、手姿、眼姿、步姿、身姿、整体姿态的顺序来展开研究。

6. 经典曲目情节的视觉元素 昆曲的经典曲目保留至今的并不多，但是传承下来的都是历经千锤百炼的精品，它们不仅为受众呈现出感官享受的视听盛宴，也通过剧目的故事情节展现出更深层次的思想意义，如《牡丹亭》中杜丽娘为爱而死、为爱而生的至死不渝，《桃花扇》中李香君的大爱至诚，《双下山》中小和尚、小尼姑对宗教禁锢人性的反叛，这些故事情节能够带动受众的情感，产生共鸣。尤其是其中所呈现的文学品位极高的念白和唱词，更是让人久久不能忘怀。如果将这些元素转化成设计符号，则会为设计作品附加更多的文化内涵，很可能拨动受众内心深处的情感之弦。因此，表现经典曲目的故事情节、念白、唱词等视觉元素，为现代艺术设计提供了丰富的、提升内涵的设计素材，是昆曲艺术具有永恒魅力的精华，在过去、现在乃至未来都具有深刻的文化意义。这部分内容依经典曲目的顺序来展开研究。

第二节　妆面视觉元素

　　昆曲的妆面是指各行当的面部化妆。昆曲的行当分旦角、生角及净丑角三大类，其妆面也分生、旦的化妆与净、丑的化妆。

　　生、旦的化妆表现为肤色白净、红润，面貌端正俊秀的人，同一演员扮演不同角色或不同演员扮演相同角色时，其装扮规律相同，略施粉彩，以肉色、黑色、红色为主，突出眉、眼、唇、腮各部位的视觉色彩，较其他行当而言，相对素淡，属于俊扮。

　　净、丑的化妆，与俊扮相对，属于丑扮，是以变形、传神、写意的手法，用油彩勾出特定造型的角色，统称花脸。净、丑的化妆，具有明确地表现忠、奸、善、恶的指代作用，别具特色。

一、旦角妆面

　　昆曲旦角行当分为老旦、正旦、作旦、刺杀旦（又称四旦）、闺门旦（又称旦、五旦）、贴旦（又称六旦）和武旦。

（一）旦角妆面的造型特征

　　旦角妆面基本都是粉白的皮肤、提高细长的柳叶眉、由眉下至两颊晕染的红晕和红艳的嘴唇，并描绘眼线，统一用网巾把双眼微微向上吊起，成凤眼形状，额上与两腮贴片子，一共分为额上七个小片子和两腮两个大片子，并依据角色佩戴的头饰以达到装饰效果（表2-1）。这其中，旦角妆面根据剧中人物的年龄、身份、处境不同，在化妆上有一定的区别。以昆曲《牡丹亭》中的旦角形象为例，六旦多为天真烂漫、性格开朗的妙龄女子或是小丫鬟，因此，春香的妆面浓艳，眼睛较圆，眉心施一红点，展现出伶俐活泼的性格；闺门旦是富贵人家少女，为显示杜丽娘大家闺秀的大气，妆面素雅一些，眼睛更加细长；过去老旦的角色完全不施脂粉，称"清水脸"，现在老旦也做粉黛面妆，但用色最淡，且眉眼不多做修饰。昆剧对脂粉的使用比较严格，甚至同一剧本中的同一人物，因在不同场次中心情处境不同，也要求有不同的处理。

表2-1 昆曲旦角妆面的分类与造型特征

分类	图片	代表人物	造型特征
老旦		《牡丹亭》中杜母、《荆钗记》中王母、《精忠记》中岳母	现代老旦也做粉黛面妆，但用色最淡，眉眼也不多加修饰。而过去老旦的角色完全不施脂粉，称"清水脸"
正旦		《琵琶记》中赵五娘、《窦娥冤》中窦娥、《慈悲愿》中殷氏	正旦眉眼的勾画要清秀，略显素雅，颊红较淡，眼线和眉毛较精致，眼型更细长，脸型以鸭蛋形为一般标准，整体造型端庄大方，头饰以戴点翠和银丁头面为主。多为已婚中年妇女，性格刚烈、举止端庄的正面或悲剧人物
作旦		《浣纱记》中伍子、《邯郸梦》中番儿、《白兔记》中咬脐郎	作旦是年幼的儿童，不分男女。用色上注意红色与白色的搭配，用红润的脸颊表现儿童的生气；用白粉的肤色来表现儿童的粉嫩。家门虽属旦，而其扮演的人物却大多是男性，以扮演小男孩为多，表演风格天真稚气
刺杀旦（四旦）		《铁冠图·刺虎》中费贞娥、《一捧雪·刺汤》中雪艳娘、《义侠记·杀嫂》中潘金莲	妆面浓淡与武旦同，比闺门旦、正旦略浓艳。刺杀旦并非武旦，除了刺杀时有些翻扑打斗外，演唱时必须要能准确地表现人物的个性，同时扑跌功夫不可少。包括刺杀别人的"刺"与被别人刺杀的"杀"两类

左侧竖排：
布艺上的昆曲
在家纺产品设计中的应用研究
昆曲艺术视觉符号
040

分类	图片	代表人物	造型特征
闺门旦（五旦）		《牡丹亭》中杜丽娘、《玉簪记》中陈妙常、《长生殿》中杨贵妃	妆面素雅，以粉白为底，配以黛青色的柳眉、凤眼、更加细长的眼线，能很好修饰脸型的大小片子，以层次渐染的玫红色腮红，表情含蓄、宁静。一般为年轻美貌的少女，待字闺中的小姐或新婚少妇，是昆曲挑梁的行当，有最多的昆曲经典剧目
帖旦（六旦）		《牡丹亭》中春香、《西厢记》中红娘、《水浒记·活捉》中阎婆惜	妆面浓艳，眼睛较圆，眉心施一红点。穿坎肩彩裤，系腰巾，持团扇，不带水袖。一般是天真烂漫、性格开朗的妙龄女子或是小丫鬟，性格伶俐活泼，往往有独立身份、自主的言行及鲜明的性格，在不少戏中是重要或最重要的角色
武旦		《西游记》中铁扇公主、《扈家庄》中扈三娘	妆面浓淡比闺门旦、正旦略浓艳，但比帖旦素淡。表演要求敏捷、伶俐，尤其以眼神犀利，腰肢、脚下灵巧为首要。一般是武将和江湖人物中的各类女侠。表演上唱、念、做、打并重，要把动听繁重的唱段、高难度的作功配合在精彩的武打之中

　　旦角戏以闺门旦（五旦）的戏更受关注一些，这类角色是昆曲表演中最具代表性的人物，大都扮演美貌、含蓄又饱富情感的深闺少女或年轻妇人，如《牡丹亭》中的杜丽娘（图2-2）、《玉簪记》中的陈妙常、《长生殿》中的杨贵妃等。这类角色形容艳丽、面色柔美，妆面以粉白为底，配以黛青色的柳眉、凤眼形细长眼线以及能很好修饰脸型的大小片子，加之层次渐染的玫红色腮红，表情含蓄、宁静，呈现出大家闺秀的优雅和淡定；在情感戏中，眼神婉转而略带羞涩，善

图2-2 《牡丹亭》中的杜丽娘

极眉目传情，加之美轮美奂、随舞而微颤的头饰，呈现出极具特色而大美的视觉形象，是非常适合表现昆曲韵味、展现设计底蕴、契合受众情感的视觉元素。

旦角妆面的色彩使用红、白、黑三色的最纯净色，通过红、白主色调的对比来体现立体感，借乌黑的颜料画眉眼，鲜红的颜色画口唇来描绘五官的轮廓，把面部重要部位的色彩、线条归结在一定的图案中，白净的脸是对原本肤色的美化，用黛色描眉画眼改变了原本的眉形和眼形，黛色额饰强调人物表情，最终通过白色、黑色、红色之间的鲜明对比来呈现强烈的舞台效果和装饰意味。

（二）旦角妆面的符号语义

昆曲旦角妆面图形化的装饰形式，是中国古典女性美标准的体现。玉白的肌底上，花瓣状的鲜红唇妆，古典墨彩的黛色细眉，沿上眼边勾画的黛色眼线，以及结尾处的弧线上挑，都对眼型有很好的修饰作用，使眼睛看似变大的同时又平添妩媚之感，眼线与自下而上逐渐变浓的腮红相呼应，产生桃花媚眼的朦胧意味。眉眼整体向太阳穴方向上斜，勾勒出细长上翘的、极具中国古典美的凤眼造型。片子最早是古代中国贵族小姐生活中的装扮，后经简化被昆曲沿用，如今的旦角头妆是经清朝魏长生改良后的"梳水头"，在假发之外添加了珠翠头面，使旦角妆面更加美艳，成为极尽昆曲意味的符号。

旦角造型中的色彩凝聚了最具中国审美意蕴的文化内涵，妆面底色为白的主色调，黛色的眉眼、额饰，由白到桃红的粉彩渐变，既讲求鲜明的对比，也追求笔情墨韵、淡彩雅致，产生强烈的古雅气质，形成昆曲中旦角人物如玉、如瓷、如水般迷人的视觉美感。不仅仅体现在形式上，更是在深层意义上，达到了含蓄地体现人物的性格特征、精神风貌、气质、性格等内在素养的效果。

二、生角妆面

昆曲的生角妆面也属于"俊扮"，其行当分为官生（大官生、小官生）、小生（巾生、雉尾生、鞋皮生）和武生。近代以来，由于不少剧种（包括昆剧）将"末"行也逐渐归入"生"行，所以，生角行当又包括了老生、末、外三个家门。

（一）生角妆面的造型特征

生角妆面基本都是白底的皮肤、斜上入鬓的剑眉、统一用网巾把双眼微微向上吊起，成凤眼形状并适当描绘眼线，由眉下至两颊略染红晕，额部印堂有一抹呈"人"字形红彩，被称为"元宝"或"通天"，依据角色佩戴帽饰，帽饰之外，在额部露出一圈中心最窄、逐渐向两边加宽过渡的弧形黑色假发，与帽饰、妆面的白色底面形成对比，起到修饰五官、刻画表情的装饰效果（表2-2）。老生、末、外因扮演年龄较大者，其妆面略敷脂粉，不施或淡施印堂红彩，并根据角色年龄分别挂黑髯、参髯、白髯。

从视觉形象来看，昆剧生角最具表现力的角色是大官生（属官生行当）、巾生（属小生行当）、雉尾生（属小生行当）。官生是有权位功名的男性，大官生多为帝王、高官，非青年，妆面特点是玉白面色、剑眉、眉下至两颊红晕，印堂红彩较淡，是在两眉之间画一个连接的小桥，不要太高，因上部呈圆形，因此俗称"元宝"，带黑色髯口，配凤冠霞帔头饰，视觉形象具有很强的装饰与象征性。巾生多是风流潇洒的文士，是昆剧男角最受关注的行当，通常担任情感戏中的主角，皮肤白皙，齿白唇红，剑眉凤眼，画黛青色眼线，眉下至两颊略染红晕，印堂一抹红彩极其浅淡，配巾生帽，文雅谦和，一般与闺门旦搭档表演情感戏，丝丝入扣，缠绵悱恻。在家纺产品设计中，常常利用受众对生、旦角色形象的认知归属，将小生、闺门旦视觉元素结合来表现婚庆、情感类的主题。雉尾生头戴插有雉尾的紫金冠，面如冠玉，英姿勃勃，印堂的红粉重且长，被称为"通天"，能起到很好的提神作用，给人以阳刚之美。其表演不重武功而重气质，在做功和身段中显出英武之气，有一套过硬的耍翎子功，整体妆面形象和紫金冠帽饰等局部元素都具有强烈的视觉美感。

生角妆面的色彩与旦角妆面一样，使用红、白、黑三色的最纯净色，通过勾画形成图形化的妆面形式。白色为底，对原本肤色进行美化，黑色描绘眉毛、眼线，改变了原本的眉型、眼型，使其更具美感。眉下至两颊略染的红晕、印堂一抹红彩与白色主色形成对比，而红色的面积、位置、渐变浓淡则用来塑造妆面的立体感，帽饰下露出的黑色假发进一步提亮人物表情，使生角的整体妆面造型呈现出强烈的舞台效果和装饰意味。

表 2-2　昆曲生角妆面的分类与造型特征

分类	图片	代表人物	造型特征
大官生		《长生殿》中唐明皇、《邯郸记》中吕洞宾、《千忠戮》中建文帝	大官生多数并非青年，年龄较大，带黑色髯口，印堂的红粉较淡，上部呈圆形。帝王、高官皆以大官生应工。表演上要求气度恢弘，或风流豪放，或秉性方正
小官生		《琵琶记》中蔡伯喈、《金雀记》中潘安、《牧羊记》中李陵	小官生所扮角色大多是青年为官者，年龄较轻，不带髯口，依据演员的唇型用红色涂唇，注意在唇化妆时使下唇保持略方造型。印堂的红彩偏圆。在表演上着重突出一种少壮得志、风流潇洒的神情意趣
巾生		《牡丹亭》中柳梦梅、《玉簪记》中潘必正、《西厢记》中张君瑞	巾生是未做官或未及冠的风流书生，头戴方巾，手持折扇。表演讲究潇洒儒雅，风流蕴藉，着重体现人物温柔多情而又不失男性之阳刚和浓厚的书卷气。印堂的红粉极淡或不画，口红按照演员的唇形涂抹
雉尾生		《连环记》中吕布、《白兔记》中咬脐郎、《西川图》中周瑜	小生之雉尾生多为武将，头戴插有雉尾的紫金冠，即翎子。印堂的红粉要重要长，眉眼吊得较高较紧，以此来表现少年英俊。口形不可过小，一般上唇口红按照演员的唇形涂抹，下唇略方
鞋皮生		《绣襦记》中郑元和、《彩楼记》中吕蒙正	鞋皮生是典型的落魄书生，脚穿拖踏着鞋后跟的鞋，在表演上，动作带有一定的穷酸相。鞋皮生的妆扮大多敷色浅淡，不画印堂处红彩，玄色的高方巾低压，身穿富贵衣，以示一旦时来运转必定富贵

分类	图片	代表人物	造型特征
武生		《界牌关》中罗通、《宝剑记》中林冲、《义侠记》中武松	武生英武矫健，大都扮演擅长武艺的青、壮年男子，分长靠武生和短打武生两类。长靠武生扎大靠，讲究武打、功架并重，短打武生身着紧身短装，偏重于武打和特技的运用。武生上眼皮的胭脂稍淡，印堂的红粉重且长，表现得更为粗犷
老生		《牧羊记》中苏武、《满床笏》中郭子仪、《渔樵记》中朱买臣	大都是正面人物的中年男子，面部略敷粉底，印堂上略抹红彩，色不宜深，眉要浓黑细长，眼圈的黑色较重，但不宜过宽。造型以黑三髯口为主
末		《荆钗记》中李成、《一捧雪》中莫成、《牡丹亭》中陈最良	末是地位较次的老生，造型带黑髯口或彩色髯口，一般扮演比同一剧中老生作用较小的中年男子，是专门扮演中年以上、蓄须带髯的角色
外		《浣纱记》中伍子胥、《长生殿》中李龟年、《义妖记》中法海	外的年龄比老生更长，所扮角色多半是年老持重者，造形以白髯口为主。其扮演对象颇广，上至朝廷重臣，下至仆役或方外之人

（二）生角妆面的符号语义

昆曲生角妆面图形化的装饰形式，是中国古典男性美标准的体现，玉白的肌肤底色。黛色剑眉，使角色英气十足；沿上眼边勾画的黛色眼线结尾处弧线上挑，对眼型有更好的修饰作用，使眼睛看起来更大，眉眼整体向太阳穴方向上斜，勾勒出细长上翘的凤眼造型，使人物增添儒雅、俊秀的气息；"通天""元宝"的勾画，既具有装饰作用，也对角色身份做指示说明，雉尾生、武生画"通天"，以示其阳刚的品格；官生、巾生画"元宝"，以示其儒雅的风韵；穷生不做勾画，以示其落魄潦倒；佩戴的帽饰，平稳方正，额部露出的黑色假发，更好地衬托了角色的五官与表情，使生角妆面极尽昆曲意味。

生角妆面讲求鲜明的色彩对比与笔情墨韵，白色主色调，黛色眉眼和额饰，眉下至两颊、印堂处的红彩淡染，随口型而画的红唇，既赋予角色以血色活力，又呈现出淡彩雅致的古雅气韵，形成昆曲生角人物面如冠玉、风流倜傥、儒雅而阳刚的视觉美感。这种美感不仅体现为视觉上的形式美，更是含蓄地表达出人物的性格特征、精神风貌等内在素养。

三、净角妆面

昆曲净角妆面与俊扮相对，属于丑扮。净角是指以油彩勾出特定造型的角色，统称花脸。昆曲的净角行当分为大面、二面、白面和邋遢白面，见表2-3。

表2-3 昆曲净角妆面的分类与造型特征

分类	图片	代表人物	造型特征
大面		《千金记》中项羽、《风云会》中赵匡胤、《九莲灯》中火德星君	大面的妆面（脸谱）以红、黑两色为主。所扮演的角色多为净行中地位较高，性格勇武、暴烈的一类人物。表演基调要求威武沉毅、粗豪雄浑，注重气势与功架，身段动作幅度比较大，分文净与武净，其中文净更重威武，武净更重粗犷
二面		《单刀会》中周仓、《西游记·胖姑》中张老汉	二面以配角形式出现，扮演的人物类型身份地位比大面要低一些。一般二面不会单独出现，舞台上有主角的情况下，二面才会出现，相当于男配角。例如，《单刀会》中有大面关羽，才配以二面周仓
白面		《长生殿》中杨国忠、《精忠记》中秦桧、《连环记》中董卓	冠带白面是扮演比较有身份的、官职较高的奸臣类反派人物，阴鸷、奸诈，表演讲究端端架子，富有气势，化妆造型除眼纹和眉心勾黑外，整脸全部涂以白粉

分类	图片	代表人物	造型特征
邋遢白面		《绣襦记·收留》中扬州阿二、《十五贯》中尤葫芦、《一文钱》中罗和	邋遢白面多是配角，扮演社会地位低下的平民百姓，除面涂白粉以外，在眼角、鼻窝等处加上一些黑纹，表演以念白为主，说话粗鲁、直率、不着边际，会用吴方言插科打诨，引观众发笑

（一）净角妆面的造型特征

昆曲净角妆面由于满脸敷彩，故称花脸，装扮遵循"因人设谱，一人一谱"的规则，所以妆面造型极为丰富。净角勾脸要先勾眉，后勾眼窝，然后勾鼻窝嘴角，再添勾花纹，讲究构图匀称，色泽鲜明而线条流畅。

净角妆面最突出的特点在于对色彩及其语义的运用，妆面造型包括红、黑、花、白、紫、蓝、黄等各种色彩为底的脸谱，以红、黑二色为主，被称为红脸、黑脸。著名的"七红、八黑、四白、三和尚"之说，即是指昆曲净角的典型角色。七红是指如《风云会》中的赵匡胤、《三国志》中的关羽等七个红脸人物；八黑是指如《千金记》中的项羽、《三国志》中的张飞等八个黑脸人物；四白是指如《虎囊弹》中的鲁智深、《水浒记》中的刘唐等四个白面人物；三和尚是指包括《祝发记》中的达摩和尚、《西厢记·下书》中的惠明和尚、《昊天塔·五台》中的杨五郎和尚的净角重头戏，见表2-4。

表2-4　典型昆曲净角的角色与相关曲名、曲目

分类	角色	曲名	曲目
七红	关羽	《三国志》	《挑袍》《古城》《挡曹》《训子》《刀会》
	赵匡胤	《风云会》	《送京》《访普》
	屠岸贾	《八义图》	《评话》《闹朝》《扑犬》
	火判官	《九连灯》	《火判》
	炳灵公	《一种情》	《冥勘》
	昆仑奴	《双红记》	《谒见》《猜谜》《击犬》《青门》
	回回王	《西游记》	《回回》

分类	角色	曲名	曲目
八黑	张飞	《三国志》	《三闯》《败醇》《负荆》《花荡》
	钟馗	《天下乐》	《嫁妹》
	胡判官	《牡丹亭》	《冥判》
	铁勒奴	《宵光剑》	《相面》《报信》《扫殿》《救春》《功宴》
	包拯	《人兽关》	《恶梦》
	项羽	《千金记》	《起霸》《鸿门》《撇斗》《夜宴》《楚歌》《别姬》《十面》《乌江》
	尉迟恭	《慈悲愿》	《北诈》《北践》
	金兀术	《精忠记》	《草地》《翠楼》《败金》
四白	鲁智深	《虎囊弹》	《山亭》
	刘唐	《水浒记》	《刘唐》
	夫差	《浣纱记》	《打围》《进美》《采莲》
	一只虎	《铁冠图》	《别母》《乱箭》《刺虎》
三和尚	达摩	《祝发记》	《渡江》
	杨五郎	《昊天塔》	《五台》
	惠明	《南西厢》	《惠明》

净角妆面（脸谱）用色极为讲究，不同颜色具有不同的象征、褒贬意义，指代人物及其品格特征。红色象征着豪爽、忠勇、稳健、耿直；黑色象征着铁面无私、刚正不阿、勇猛忠正；白色象征着阴险狡诈、专横毒辣；蓝色表现刚强、骁勇、有心计；绿色一般寓意为鲁莽，如占山为王的草寇类人物都使用绿色脸；黄色寓意人物骁勇剽悍或凶暴残忍；金银等颜色多用于神仙精灵或煞神鬼怪，象征着灵仙之气（图2-3），或是具有阴森恐怖之意。

图2-3 《九莲灯·火判》中的火德星君

从妆面的图案形式来分，昆剧净角脸谱主要包括整脸、三块瓦脸、和尚脸、番王脸和象形脸等，见表2-5。这些脸谱依据人物个性特点而设置形象，底色具有一定的褒贬语义，细节刻画也都有一定的性格指向。如净角脸谱中的整脸，代表人物为《千金记》中的项羽，整张脸用红色涂面，是标准的整脸脸谱，仅用黑色勾勒眉毛、眼睛和鼻窝。用黑色勾勒出单凤眼、卧蚕眉，这样可以展示出项羽紧缩双眉的样貌，塑造他忧心忡忡的人物形象。额头上有两道弯的纹，是为了将"锁眉"这个动作深化，脸中间从脑门而下的那一道纹，在两眼之间的部位折了一下，也是为了深化"锁眉"这个动作。鼻窝处用黑色从鼻孔往下勾勒，使红脸显得更加得大，给人以更加震撼的感觉。

表2-5　昆曲净角脸谱造型特征

分类	图片	代表人物	造型特征
整脸		《风云会》中赵匡胤、《千金记》中项羽	是最基本的谱式之一，多用于威严庄重的正面人物，将整个面部涂抹成一种脸色，然后在整脸色彩的基础上再勾绘出符合人物个性的眉、眼、鼻、嘴和纹理
三块瓦脸		《甲申记》中李过、《牡丹亭》中胡判官	是最基本的谱式之一，多用于英勇的武将。是在整脸的基础上，将眉、眼、鼻的颜色加重、突出，在脑门和左右两腮勾绘出三块主色，像三块瓦一样。随着脸谱谱式的发展，三块瓦脸如今已演化出更多细化谱式，如花三块瓦脸等。三块瓦脸谱式用途广，正反人物都可以使用
和尚脸		《虎囊弹》中鲁智深、《南西厢》中惠明、《昊天塔》中杨五郎	专用于和尚的脸谱，也属于三块瓦脸的大类中。特点是腰子眼窝、花鼻窝、花嘴岔，脑门勾一个舍利珠圆光或九个点，表示佛门受戒
番王脸		《精忠记》中金兀术、《长生殿》中安禄山	专用于番邦王的脸谱，一般用色较多，色块感明显，比较花哨、细碎

分类	图片	代表人物	造型特征
象形脸		《西游记》中孙悟空、《白蛇传》中虾兵蟹将	用于表现各种神、魔、鬼、怪和动物，有的是将整个脸画成动物形状，有的是在额头画以符号性的具象或抽象图案

（二）净角妆面的符号语义

昆曲净角化妆是通过使用强烈鲜明的色彩与离形取形的造型夸张手法，在演员面部勾勒出各种不同的人物面貌，形成寓意深刻的图案样式，不仅对塑造人物的外部形象有帮助，还具有揭示人物内心思想和展示人物性格特征的功能。如周仓额上画虾，表明他能识水性；钟馗脸上画蝙蝠，说明他昼伏夜出；赵匡胤头上抽象的"王"字，代表了天子的尊贵与权威；刻画《八仙过海》中的八仙形象，即把角色使用的法器作为代表刻画在面部，汉钟离的芭蕉扇，吕洞宾的长剑，何仙姑的莲花等，通过简单符号所表达的抽象意义来完成最终人物性格、身份的刻画（图2-4）。同时，净角妆面的色彩具有明确的指示和象征性，能够强化角色或威严刚直、或诡谲奸诈、或勇猛粗率的性格特征，使观众可以通过观察色彩来辨善恶，明吉凶，分出角色的忠奸好坏；色彩还可

图2-4 昆剧《千里送京娘》

以指示人物的健康状态，如苍白蜡黄色是病态的典型代表。昆曲净角妆面是昆曲角色的性格与心理的图案化表现形式，具有很强的符号意义。

在此要特别提一下京剧脸谱。虽然京剧脸谱最早源于昆剧脸谱，但是从

近代至现代，随着京剧的发展，京剧脸谱获得了更好的传承与发展，所以当代昆剧舞台上的很多净角脸谱需要向京剧借鉴。当然，昆剧表演一般还是以"三小戏为主"，"三小"就是小生、小旦和小花脸，在大多剧目中，净角是以配角的形式出现的。

四、丑角妆面

丑角即小花脸，包括昆曲中擅长正面人物的"小丑"和主攻反面人物的"付丑"两个家门。在现代，根据小花脸的技法手段，人们又将丑角分为"文丑"和"武丑"，前者以文戏为主，后者以武戏见长。

（一）丑角妆面的造型特征

昆曲丑角妆面的勾画特点区别于净角妆面的整体性，只在五官之间的一块较小部位用黑白两色勾画脸面，以白为底，用黑为边。基本形式以"腰子脸"（椭圆形、两端微向下）、"豆腐块"为主。其中，付丑的面部白块画过两边眼梢，小丑的面部白块只画到眼的中部，比付丑的小。从人物性格、品德来说，付丑大多是表里不一的坏人，常穿褶子、宫衣、袍，道貌岸然；而小丑则多是好人，在舞台上，有的以风趣可爱的姿态、率真的念白来表现小人物的喜怒哀乐，有的以矫健而不乏幽默的身手赢得满堂喝彩。小丑多短衣打扮（表2-6）。

表2-6 昆曲丑角妆面的分类与造型特征

分类	图片	代表人物	造型特征
付丑		《水浒记》中张文远、《跃鲤记》中姜诗、《北诈》中屠岸贾	一般都阴阳诡谲、奸诈刁钻，扮演的人物社会地位一般都较高，如不正派的文人、奸臣、刁吏、恶讼师等，是表里不一之人。付丑，也称副丑，妆面重点为面部画过两边眼梢的豆腐白块，常穿褶子、宫衣和袍
文丑		《孽海记》中本无、《渔家乐》中万家春、《义侠记》中武大郎	所扮演的大都是较低层的人物。面部白块较付丑小，只画到眼的中部。文丑涂白于脸部中央，使脸部显得扁平，表演重视突出诙谐、滑稽，秉承昆曲的精致特点，虽容颜为丑，但表演非常细腻、灵动

分类	图片	代表人物	造型特征
武丑		《雁翎甲》中时迁、《连还计》中吕布探子	所扮演的大都是较低层的武功灵活的人物。武丑平涂白色于鼻部，加上眼部的描绘，把眼与鼻加以强调，使人感到人物的机敏，不仅眼睛的观察力特别敏锐，鼻子的嗅觉也特别灵敏。武丑短衣打扮，表演、武打动作灵活而麻利

（二）丑角表演的五毒戏

丑角行当所扮演的人物形象，往往都具有独特的表演要求，最具代表性的是小丑的五毒戏。关于五毒戏，一般是指昆曲丑角演员通过表演，形象地模拟五种有毒动物的形态，如《连环计·问探》中的探子模拟的蜈蚣，《雁翎甲·盗甲》中的时迁模仿的壁虎，《孽海记·下山》中的小和尚本无形似蛤蟆，《六月雪·羊肚》中张母的表演源于游蛇，而《义侠记·游街》中武大郎的原型则是蜘蛛。《义侠记·游街》中的武大郎以丑角应工，演员为了模仿其矮小身型，需双腿蜷缩，束缚身子在裙内作"矮子步"，完成"矮子拳""矮飞脚""矮虎跳""双拌袖""双折袖"等特殊的表演程式，以利于塑造独具特色的舞台人物形象的独特性。如图 2-5 所示。

图 2-5 《义侠记·游街》中的武大郎

（三）丑角妆面的符号语义

中国戏曲有"丑角无谱"之说。与净角相比，昆曲丑角妆面的确更为简单，化妆重点是在演员面部勾勒大小不同的白色豆腐块，但即便如此，丑角妆面依然具有塑造人物外部形象、展示人物性格特征的功能。如《十五贯》中的娄阿鼠，妆面豆腐块画成一只老鼠的造型，与角色的名字、剧情都有关联，加之黑色的点缀烘托，塑造出人物獐头鼠目的外形，同时也对人物嗜赌、偷窃、不务正业的品性具有指示性（图2-6）。

图2-6 《十五贯》中的娄阿鼠

昆曲丑角演员在不表演、不化妆的时候大多眉目端正，甚至非常俊朗，但是只要上好妆，开始表演，立刻五官移位，呈现出奇丑的面貌与丰富的表情，加之插科打诨的对白、风趣可爱的姿态、灵活而不乏幽默的身手，使丑角最终成为整个剧目的点睛之笔，所谓"无丑不成戏"，正是说明丑角在昆曲表演中的地位和作用。丑角妆面的白色豆腐块集中于五官部位，使用黑白两色烘托，刻意把角色变丑，提示观众这样的人物非高高在上的正面或反派人物，而是小人物，化妆本身就采用漫画式的造型手法，折射出幽默的色彩。同时，通过豆腐块的大小（是否过眼角），明确地告知观众角色是正面的小丑还是反面的付丑，化妆即具有人物识别的作用。丑角表演亲切而贴近大众，刻画的多半是幽默、机灵、滑稽、俏皮、猥琐、奸诈的人物形象，性格十分鲜明，在舞台上，与生、旦、净的表演相辅相成，产生雅与俗、美与丑相互交错的节奏感，使观众获得更为丰富的情感体验。

第三节　服饰视觉元素

作为舞台美术的重要组成部分，昆曲服饰是在宋元南戏与元明杂剧服饰的基础上，以明代服饰为原型，经艺术加工后形成的艺用类服饰，其造型、色彩、图案、材质元素，作为昆曲服饰文化的重要载体，具有非常鲜明的艺术特征，对传达人物角色情感、丰富昆曲服饰的艺术内涵至关重要。昆曲服饰主要分为戏衣、头面、盔头和靴鞋四大类。

一、昆曲戏衣

昆曲戏衣即演员在演出时所穿着的服装。它是塑造角色外部形象，体现人物身份、地位的重要手段之一，按功能可分成蟒、帔、褶、靠、衣五大类。

（一）昆曲戏衣的造型特征

传统的昆曲戏衣造型多为宽袍阔袖、宽大平直、无腰身的 H 型，这种款式遮盖了胸、腰、臀等人体曲线部位，从功能性来讲，可以很好地适应不同身材的演员穿着；从装饰性来讲，能够使服装与人体间产生空间，使演员的形体在唱、念、做、打中时隐时现，呈现轻松飘逸的动态美，更好地表达昆曲的风格特征，提升远距离的舞台效果。如图 2-7 所示的加官蟒，其款式齐肩圆领，大襟右衽，宽身阔袖，衣长及足，总身长 138cm，两袖通常229.5cm，下摆宽 95cm，用于《跳加官》剧目演出时，不仅展示出角色所需的持重严肃，更折射出一种超脱于生活之上、自然形体之外的精神力量。昆曲戏衣所表达的蟒之庄重威严、帔之潇洒明快、褶之大方质朴、靠之壮丽威武的总体风格，正是端庄、大方、含蓄、质朴的民族气质在昆曲戏衣中的集中体现。

自 2004 年至今，台湾著名作家白先勇制作的青春版《牡丹亭》的世界巡演获得极大成功，为昆曲及其服饰的发展翻开了新篇章，从灯光到舞台置景，再到服饰，都融合了现代剧场的新观念。从昆曲戏衣的造型来讲，

图2-7 加官蟒

旦角戏衣的胸部围度减小，呈现出上小下宽的 X 廓型或 A 廓型，右侧开叉，系同色缎带（图2-8），这样的处理，不仅延续了昆曲服装的动态飘逸之美，同时还能呈现出女性的袅娜身姿，在传统审美中融入了现代因素，使昆曲表演更加符合当代的审美趣味。

（二）昆曲戏衣的款式特征

昆曲戏衣的款式非常丰富，是人物身份的主要体现，款式与繁复的装饰相结合，使戏衣的每个类别都呈现出鲜明的艺术特色，具有极高的可观性。昆曲戏衣视觉符号是

图2-8 青春版《牡丹亭》中的杜丽娘

现代艺术设计丰富的灵感源泉，对其款式特征的归纳梳理见表2-7。

表2-7 昆曲戏衣的分类与款式特征

分类	图片	代表戏衣	款式特征	角色使用
蟒		加官蟒、太监蟒、旦蟒、小生蟒、老旦蟒	齐肩圆领，大襟右衽，宽身阔袖，衣长及足，领口及右腋下有缎系带两条，左右腋下钉有挂玉带襻两根，袖口缀水袖，左右袖跟有硬立摆，根据需要或配蟒领	帝王将相、文武百官、后妃、公主、命妇等社会地位较高者参加重要活动的公服
帔	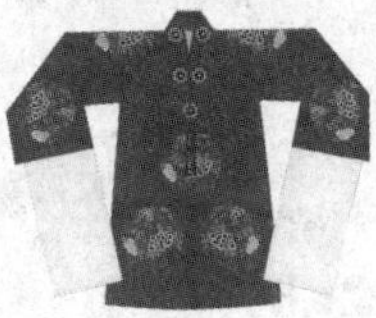	团龙帔、团凤帔、角花帔	对襟、长领、宽身大袖，袖口缀白色“水袖”，长及足、左右开衩。女帔领端具有流线形的如意头	用于休闲家居的服装，具有一定身份地位的帝王、将相、文官、士绅及其眷属的常服
褶		团花褶子、满花褶子、角花褶子、花领素褶、素褶子	男式褶子斜襟，大领，长及足，女式褶子对襟，立领，长过膝，穿着需内衬长裙。褶类服装都是长袖、阔袖口，袖口缀水袖，左右两边开衩的形制	昆曲舞台上用途最广、装扮形式最多的袍服类服装。帝王公将相、贫民百姓、僧道儒神、妖魔鬼怪都可以穿着
靠		廉颇靠、改良靠、箭靠	由靠身、下甲、靠领、靠旗、绣片组成。靠身齐肩圆领，方肩，窄袖，束袖口，左右护肩形似蝶翅，前后靠身由方肩相连，左右腋下各有护腋一块。靠前片中部略宽，称靠肚，双腿外侧有遮护腿部的靠腿	将帅的护身战甲。一般正统将帅扎上五色靠，番将则扎下五色靠

分类	图片	代表戏衣	款式特征	角色使用
衣		富贵衣	也称补纳衣、穷衣，在黑褶子上缀若干块不规则的杂色绸缎，表示衣服破烂，因这些着衣的穷书生后来都会发达富贵，故名富贵衣	除蟒、帔、褶、靠以外的服装皆称为衣，应用范围极广。其中富贵衣一般为穷困潦倒的书生所穿
		判官衣、黑白青素、丑官衣、改良官衣、老旦官衣	官衣的款式同蟒，素底无绣，唯前胸后背缀方形补子，上锈文禽武兽，以官衣的颜色区分官员的大小	官衣为官员、诰命夫人所穿，红色的官衣亦称吉服，为新科状元、榜眼、探花所穿，也是男女婚典之大礼服
		开氅	开氅款式为大襟，大领（和尚领），右衽，阔袖，袖口缀水袖，宽身，长及足，左右开衩，腋下硬立摆，袖口及四周衣缘镶阔边	开氅是帝王、侯爵、武将军旅或家居时的便服，也是英雄豪杰、恶霸、山寇、寨主在文场时的常礼服，以及中军的公服
		大铠、巨灵神铠、煞神铠、霸王铠、排须甲、帽钉甲、鱼鳞甲	不同曲目、家门、角色着装时有不同的专用铠、甲。其中最常见的为大铠，是戏曲舞台上皇家御林军的专用服饰，大铠无方肩，前后身由肩缝相连，前腹有凸肚、甲片、护裆，后身有软腰、甲片、护臀帘，窄袖长及腕，束袖口，护肩似蝶翅，有铠领，装扮时只需穿，不用扎	铠、甲是武将和侍卫的戎装
		龙箭衣、花箭衣、素箭衣、纱箭衣、猴箭衣	箭衣款式一般为圆领，斜襟右衽，马蹄袖，裾四开，长及足，附有三尖领	箭衣属轻便戏装，上至帝王武将、下至英雄豪杰、衙役、狱卒皆可用
		短打衣、马褂、清装	短打衣包括抱衣裤、打衣裤、快衣裤、上下手衣、战裙袄裤、配套短打衣等。抱衣裤的款式是斜襟大领（或大襟圆领），窄袖，束袖口，衣长至臀，下摆缀"走水"	短打衣是英雄义士、绿林好汉的轻便戏装

昆曲戏衣中的"蟒"是在明清"蟒衣"基础上形成的。明代"蟒衣"被列为吉服，凡文武百官，皆衬在补褂内穿用。衣上的蟒纹与龙纹相似，只少一爪，刺绣"蟒纹"的袍服为"蟒衣"，周身以金、银及彩色绒线刺绣纹样。女蟒和男蟒的款式大致相同，其款式细节如图2-9所示。男蟒的类型主要有加官蟒、太监蟒、文武衣、散团龙小生蟒、十团龙老生蟒、大龙净角蟒和改良蟒等，女蟒的类型主要有旦角蟒、老旦蟒、梅派女蟒等。

图2-9　昆曲戏衣散团龙小生蟒款式细节

帔的形制是由明代"褶子"艺术化处理而来，男帔、女帔款式基本相同，其款式细节如图2-10所示。夫妻同时出场时，一般均穿底色、纹样相同的帔，为"对帔"。帔在舞台表演时，帔内应着褶子（衬袍），用以遮蔽前身所开的缝隙。男帔的类型主要有团龙帔、团花帔、角花帔等，女帔的类型主要有团凤帔、团花帔、角花帔、闺口帔、观音帔等。

褶子也可称为道袍，原型是明代的斜领"大袖衫"。褶子是昆曲舞台

图 2-10　男女龙凤对帔款式细节

上用途最广、装扮形式最多、最为常用的袍服类戏衣，其款式细节如图 2-11 所示。褶子的品种较多，根据款式的不同可分为男褶子、女褶子和圆领褶子；根据纹样的不同，可以分为团花褶子、起边团花褶子、起边褶子、散点满花褶子、折枝花褶子、角花褶子、走兽褶子、大折枝满花褶子、花领素褶子和素褶子等；根据面料的不同，褶子可分为素绉缎制的软褶子和大缎、软缎制的硬褶子。

靠亦称铠甲、甲，古称"披挂"。由明代胄甲经过美化、夸张、加饰而成。为中国戏曲剧目中将帅

图 2-11　男褶款式细节

的护身战甲。昆曲衣箱中最基本的配备为男靠十件、女靠五件。靠的扎扮，分硬靠和软靠两种，背部扎靠旗全身披挂的为硬靠，或称大靠，不扎靠旗的为软靠。靠的附件有背壶、靠旗杆和靠绸。靠的款式细节如图 2-12 所示。靠因周身绣满表示甲片的图案纹样而极具可观性。女靠与男靠形制大致相同，但靠肚稍小，腰下为彩色飘带，配有云肩，造型较男靠细巧，绣片数量更多。

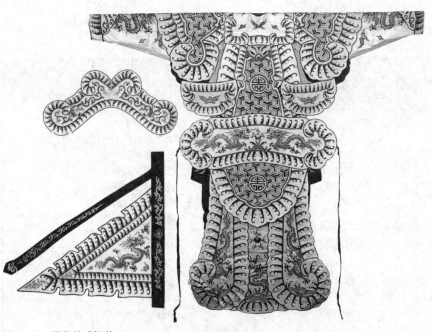

图 2-12　男靠款式细节

官衣来源于明代官员所着的团领衫，亦称补服、补服官衣、补子圆领。《扬州画舫录》中所记载"江湖行头"中有一种"五色顾绣青花"，指的就是官衣。官衣通常没有刺绣花纹，只在前胸、后背缀方形补子，官衣的款式细节如图 2-13 所示。官衣有男女之分，男官衣的主要类型有男官衣、青素官衣、丑官衣、判官衣、黑白青素、改良官衣，女官衣的主要类型有老旦官衣、女官衣等。

（三）昆曲戏衣的色彩特征

昆曲戏衣的色彩包括两个概念，一是指戏衣的底色，二是指戏衣刺绣的色彩。戏衣的底色分为上五色和下五色，再加上为辅的"杂色"以及金、银等光泽色，就构成了昆曲戏衣的色彩体系。其中，上五色为红、黄、绿、白、黑，

图 2-13　官衣款式细节

也称正色；下五色为紫、粉、蓝、湖、香等，也称副色，见表2-8。

表2-8　昆曲戏衣的色彩归纳

名称		CMYK、RGB模式数值归纳	图片	色彩特征	角色使用
上五色	红	CMYK（10,100,100,0）RGB（207,2,39）#cf0227		红色多被赋予吉祥的寓意，在视觉上会给人非常强烈的冲击力。也多表现人物身份地位的高贵以及积极、主动、热情的性格色彩	红帔表示新婚的喜庆，红蟒则显示身份尊贵
	黄	CMYK（10,15,85,0）RGB（228,212,62）#e4d43e		黄色在中国传统文化中占有崇高的地位，象征着天子的最高权位、正统、尊严、显赫、光明	用于表示身份地位尊贵的角色，如皇后、贵妃专用的明黄对帔
	绿	CMYK（75,10,100,0）RGB（26,164,51）#1aa433		绿色为植物之色，象征青春与生命力，给人以活力和生机之感，使穿着者更显年轻与朝气蓬勃	用于六旦服饰，表示年龄较小、性格天真、气质灵巧的人物性格；用于蟒、靠表示神勇刚毅；用于褶子表示迂腐或奸诈之意
	白	CMYK（10,100,100,0）RGB（254,254,254）#ffffff		白色是一种纯净、祥和的色彩，给人以明快之感，是纯洁、坦荡的象征	常用于表示英俊潇洒的人物角色
	黑	CMYK（0,0,0,100）RGB（0,0,0）#000000		黑色是庄重、肃穆的色彩，它能使人产生凝重、威严、阴森等不同感觉。黑色既可象征沉着、深刻、庄重与高雅，也可以代表哀伤、落魄	在旦角服饰中多用于正旦穿着的女褶子，表现贫困出身或落难女子；用于靠、蟒表示气质庄重、性格粗犷的角色，如项羽、包拯等

名称	CMYK、RGB 模式 数值归纳	图片	色彩特征	角色使用
紫	CMYK（90,100,50,2）RGB（71,30,86）#471e56		紫色是华贵、充盈的色彩，给人以富丽堂皇、压重、高雅脱俗之感，是高贵和财富的象征，是尊贵权重的颜色	一般在旦角服饰中用做女褶子、女帔，多为老旦角色穿着，颜色沉稳庄重；紫蟒常表示身份尊贵的太师等
粉	CMYK（20,70,10,0）RGB（204,104,150）#cc6896		由红色和白色混合而成的低浓度颜色，对肤色有修饰作用，给人以甜美、温柔、纯真、妩媚之感，一般具有浪漫的象征意义	多用于表示气质妩媚、性格热情的女性角色。常用于女靠和女褶子、闺门旦、六旦都有穿着。也用于表现年轻英俊的生角，如吕布的粉色靠
蓝	CMYK（96,89,5,1）RGB（57,43,131）#392b83		蓝指暗蓝色，比青浅，对人眼的刺激作用较弱，给人以高远、深邃、平和、幽静之感，象征宁静、智慧、沉稳、深远	用作官衣，表示官位品级较低；用于帔或褶，表示性格沉稳。多用于女性角色
湖	CMYK（83,35,1,1）RGB（59,132,194）#3b84c2		如湖水的色彩，在蓝绿之间，给人一种静谧的感觉	多用于性格文静、气质儒雅角色的着装
香	CMYK（25,30,90,0）RGB（202,174,42）#caae2a		又称秋香色，隶属于黄色系，是微带赤黑的黄棕色，含绿色成分，属于黄色系中偏冷的颜色	多用于性格持重老成角色的着装

（下五色，第一列跨行标注：下五色）

传统昆曲戏衣底色用上、下五色，且具有强烈的尊黄、尚红特征，明黄为帝后的专属色，而红则为新科状元、新郎、新娘的官衣或吉服主色。基于底色原则之上，昆曲服饰的色彩运用首先表现为底色与装饰图案色彩之间的强烈对比，多用补色对比、冷暖色对比以及高彩度色与无彩色对比，这种对比使服装显得极为鲜明、悦目，既可为舞台增色，又可使人物成为焦点，最终达到突出表现人物个性特征的目的。如在《击鼓骂曹》折子戏中曹操的红蟒，服色为上五色的大红色，绣金色龙纹，形成红底与黄色（金与黄相近）装饰图案的强烈对比，金色将艳丽的大红衬托得更为华美，凸显曹操人物身份的尊贵特征；而在图2-14所示的《连环计》中，吕布着下五色粉蟒，绣"三蓝"团龙纹、蟒水纹，粉底与蓝色图案之间呈现的是一种明快清新的对比，既突出表现了吕布年轻俊朗的外貌，也暗示其存有瑕疵的品格倾向。如图2-15所示《水浒记·情

图2-14 《连环计》中戏衣的色彩搭配

图2-15 《水浒记·情勾》中戏衣的色彩搭配

勾》中张文远的绿色男花褶（昆曲舞台上的绿褶子一般为丑态毕露的油滑男子所穿），所绣的"三红"栀子花布局繁密，使绿底和红色图案色彩面积等量，传递出剧中人的浮艳庸俗之感。

昆曲服饰图案的色彩运用不仅表现为强烈的对比，也会融入调和色彩，求得整体的色调均和，这一点在现代昆曲服饰中表现得尤为突出。如图 2-16 所示《牡丹亭》中的杜丽娘，其帔的主图案本身为红、绿补色对比，视觉效果绚丽，但是在粉色底与红色花卉图案之间则为同色系调和，同时融入白色长裙的无彩色调和，使服装整体雅致生动，人物形象端庄秀美。

图 2-16 《牡丹亭》中的杜丽娘

（四）昆曲戏衣的图案特征

昆曲戏衣图案内容丰富，题材多样，荟萃了中国民族传统图案的精华，可分为古代美术图案、历史服饰图案、民间吉祥图案、宗教图案、象形图案、文字图案等。昆曲戏衣是装点纹饰图案最多的载体，每一件昆曲服装，都有不同的装饰图案，这些图案又都蕴含着不同的寓意。昆曲戏衣的图案归纳见表 2-9。

表 2-9　昆曲戏衣的图案归纳

分类	图片	图案特征与寓意
古代美术图案	草龙纹	草龙纹采自商周秦汉的龙纹，结构简单，风格稚拙，造型美观而富有动感。寓意吉祥、幸福和美好。草龙纹一般用于袖、领、侧立摆等处的边饰
	博古纹	博古纹简约疏朗，高度写实与概括，生活气息浓厚，多组合为圆形的适合纹样，风格古朴。寓意清雅高洁。博古纹多常用于豪宦或乡绅家居场合所穿团花帔的主图案

布艺上的昆曲

昆曲艺术视觉符号在家纺产品设计中的应用研究

分类	图片	图案特征与寓意
历史服饰图案	龙纹	龙纹为皇权象征，用于帝王、将相所穿的戏衣上。其中帝王用龙纹，而将相用蟒纹，两者形象相似，差别在于龙纹五爪，而蟒纹四爪
	凤纹	凤纹为皇权象征，用于后、妃、公主、命妇等所穿的戏衣上，常常与牡丹组成凤穿牡丹的经典团凤纹样
	海水江崖纹	海水江崖纹俗称江牙海水，一般用于蟒服底边边饰，与胸部的龙凤纹搭配使用。寓意福山寿海，也带有一统江山的含意。图案由斜向的水脚、水脚之上的水浪、水中所立的山石以及祥云点缀组成
	麒麟纹	麒麟为古代传说中的动物。一般作鹿状、独角，全身有鳞甲。麒麟纹随时代而变化，古代服饰中用于一品武官的补子图案表示品阶，昆曲戏衣中大多专用于丞相一类的高官人物
	鹤纹	古人以鹤为仙禽，寓意长寿。鹤纹常用于文官、命妇的官衣
	狮纹	狮纹是威严的象征，相传狮为百兽之王，狮纹用于表示品阶较高的武官的袍服，其使用来源于明朝二品武官的袍服，用狮纹来代表品阶
	豹纹	豹纹用于武官的袍服，其使用来源于明朝三品武官的袍服，用豹纹来代表品阶
	虎纹	虎纹用于武官的袍服，其使用来源于明朝四品武官的袍服，用虎纹来代表品阶

分类	图片	图案特征与寓意
民间吉祥图案	云纹	云纹属于自然气象纹，源于云气，形态自然、飘逸、自由，多寓意喜庆、乐观、吉祥的愿望和对生命的美好希冀，在传统昆曲戏衣中主要用于领、袖、襟等部位的边饰，现代戏衣中也用于生角服饰的主图案
	水纹	水纹属于自然气象纹，源于水波的形状，形态圆润、呈秩序感，寓意吉祥，在传统昆曲戏衣中主要用于领、袖、襟等部位的边饰，现代戏衣中也用于旦角服饰的主图案
	如意纹	从如意头端的形状抽象而来，借喻称心、如意，有心形如意纹、灵芝如意纹、祥云如意纹等形式。如意纹在昆曲戏衣中主要用于旦角帔的如意对襟纹头上，也可与其他图形组合后，用于袖、领等处的边饰
	回纹	回纹由横竖短线折绕组成的回环状花纹，形如"回"字。是被民间称为富贵不断头的纹样。主要用于袖、领、底边、侧立摆等处的边饰
	蝙蝠纹	蝙蝠的形象被视为幸福的象征，习俗运用"蝠""福"字的谐音，并将蝙蝠的飞临，结合成"进福"的寓意，希望幸福会像蝙蝠那样自天而降，因此用作吉祥图案
	团花纹	外形圆润成团状，内以四季草植物、飞鸟虫鱼、吉祥文字、龙凤、才子、佳人等纹样构成图案，典型形象有桃形莲瓣团花、多裂叶形团花、圆叶形团花等，象征吉祥如意、一团和气等，常见于戏衣的胸、背、肩等部位
	团寿纹	团寿的线条环绕不断，寓意生命绵延不断。古人认为只有家庭团圆、和睦相处，人才会长寿延年。团寿纹变化丰富，具有对称的特征，典型纹样包括双线团寿、单线团寿、上下两等分团寿、左右两等分团寿等，常与蝙蝠纹组合见于戏衣的胸部以及盔头的正中部位等
	桃实点缀	指蟠桃纹、瓜果纹等，传说中西王母的蟠桃树，三千年开花，三千年结果，桃纹寓意长寿。瓜果纹以葡萄纹、石榴纹较多见，寓意多子多孙。桃实纹常用于戏衣袖、领等处的边饰
	花卉滕头	指各种花卉纹，如牡丹、月季等，以及折枝纹、卷草纹、缠枝纹及其组合。表现形式主要是以植物的枝杆或蔓藤作骨架，与花卉组成独立纹样，用于戏衣的主图案，或者向上下、左右延伸，形成循环往复的波线式图案，用于戏衣的袖、领等处的边饰
	蝴蝶纹	早期的昆曲戏衣很少使用蝴蝶纹，现代昆曲服饰，特别是闺门旦所穿着的帔、披风等，蝴蝶纹应用很多，常取不同角度单独纹样做满地构图，或蝴蝶对飞纹样作圆形构图，寓意长寿、幸福、爱情
	四君子纹	早期的昆曲戏衣很少使用，现代昆曲戏衣多用四君子纹表示读书人的清雅高洁。四君子纹包括梅纹、兰纹、竹纹、菊纹。梅寓意不老不衰，梅瓣为五，民间又藉其表示五福；兰喻隐逸君子；竹子象征着顽强的生命，空心代表虚怀若谷，其枝弯而不折，象征柔中有刚的做人原则，生而有节则表示高风亮节；菊凌霜飘逸，特立独行，表示不趋炎附势，喻世外隐士。四君子纹常用于戏衣的主图案

分类	图片	图案特征与寓意
宗教图案	太极纹 八卦纹	太极纹、八卦纹、暗八仙、五岳真形图等属道教图案。太极纹、八卦纹等多用于八卦衣、法衣的主图案，一般为军师、懂阴阳八卦的道家、神话中仙人的专用衣
	暗八仙	暗八仙即葫芦、团扇、宝剑、莲花、花篮、鱼鼓、横笛、阴阳板，因其只采用八仙所执器物，而不直接出现本尊，故称暗八仙。暗八仙也叫道家八宝，既有吉祥的寓意，也能代表万能的仙术，暗八仙一般用于蟒袍的辅衬图案
	万字纹	佛教图案有万字纹、八吉祥纹、杂宝纹等，含有佛佑寓意，一般用于蟒袍上的辅衬图案
	八吉祥纹	八吉祥纹又称八宝纹，指法轮、法螺、宝伞、白盖、莲花、宝瓶、金鱼、盘长结八种图案，含有佛佑寓意，一般用于蟒袍上的辅衬图案
	杂宝纹	装饰吉祥纹样，所取宝物形象较多，包括火珠、古钱、剑、玉磬、犀角、象牙、双角、方胜、盘长、菱镜、祥云、蕉叶、灵芝、珊瑚、如意、卷书、笔、馨、鼎、葫芦等，因其常无定式，任意择用，故而称杂宝，一般用于戏衣的辅衬图案或边饰
象形图案	猴旋纹、猴毛纹	象形图案一般专用于特殊行当的戏装，如水族衣中的鱼鳞纹、龟背纹、虾形纹、蟹壳纹，猴抱衣中的猴毛、猴旋纹，鬼卒衣中的火纹等

昆曲戏衣不仅图案丰富，图案布局也别具一格，追求运用一定的布局手段，形成人物形象的对比，进而区别人物的身份尊卑、行当家门，以及凸显人物的性格特征。昆曲戏衣图案布局有满花、点花、角花、边花、散花之分，一般人物身份越高，所穿着戏衣的图案就越繁密。如图 2-17 所示的蟒袍，即为满花图案的布局。以龙为主纹样，辅以蟒纹、海天江崖纹，边饰点缀吉祥纹、云纹等，标示出帝王将相身份的高贵。而图 2-18 所示的文小生花褶，则在衣摆处呈角花布局，饰以清丽明快的栀子花，与斜襟大领图案相呼应，既表达了书生的平民身份，又与其俊朗的面容相称，尤其体现其性格文静、品格高洁、气度潇洒的特征。还可以运用一定的图案布局来表达剧中人物的年龄，如中年以上多用团花，青年多用边花、角花、折枝花等。

布艺上的昆曲

在家纺产品设计中的应用研究

昆曲艺术视觉符号

图 2-17　蟒袍的满花布局

图 2-18　文小生花褶的角花布局

　　昆曲戏衣图案是中国古代朴素自然观、等秩观念影响下的中国古代纹样观念的体现。昆曲戏衣通过图案来规范角色行当的身份、地位和性格，图案又赋予服装一定功能或某种寓意内涵。服装中的凤纹即表现"鸟中之王"，并专与"花中之魁"牡丹相配，被规范为身份高贵女性的象征，通用于后妃、公主和女将等角色的服装；昆曲服饰推崇圆形的适合纹样，团龙、团凤多见，这是因为圆形在我国古代具有"天圆地方"的哲学含义，同时还具有美满、吉祥的象征意义，如蟒袍上的团龙就是身份高贵、气质庄重的象征。相对于适合纹样中的圆形纹样，自由纹样则更为生动、活泼，其象征性也更加直观，如蟒袍上自由纹样的行龙，龙身舒展自由，动感强烈，不受约束，一般用于性格豪爽粗犷，气质威武人物的着装。从纹样本身来看，武将的开氅、褶子多用虎、豹等走兽，象征其勇猛；文生的褶子用的"四君子纹"，即梅、兰、竹、菊，借花木秀雅之貌、耐寒之性，比喻人的秀美和品格的高洁；武丑的花侉衣上的蝶舞纹比喻人物"身轻如燕"，具有轻功；谋士则用太极图、八卦纹来象征智慧和道术；还有用蝙蝠纹、寿字纹等来象征吉利。因此，图案作为昆曲戏衣的一个重要组成部分，无论其装饰性，还是其象征性，都是为了更好地传达人物情感、形象、性格等因素，使人物角色更具典型性，最终丰富昆曲艺术的文化内涵。如图2-19所示青春版《牡丹亭·惊梦》一折，通过运用服饰图案来暗示角色关系，柳梦梅白色褶子上点缀着梅花图案，而杜丽娘服饰的蝴蝶图则巧妙地暗示着"蝶恋花"的爱情主题，意在表现主人翁对"情"的执着痴迷。

图2-19 《牡丹亭·情梦》剧中角色服饰的语义暗示

（五）昆曲戏衣的材质特征

昆曲戏衣面料基本都采用丝绸织品，因为丝绸织品纤细、光滑、柔软、透明，表面极具光泽度，正符合昆曲戏衣富丽华贵又典雅含蓄的品质特征；同时，在昆曲表演舞台上，演员的唱、做、打表演需要做出大幅度动作，采用具有滑爽、挺括、悬垂性好、飘逸感强的丝绸面料，有利于演员舞蹈动作的完美表达。从面料的组织结构来看，传统昆曲戏衣主要使用缎类、绸类、纺类、锦类、纱类、绒类等面料。

昆曲戏衣中使用最多的是缎类，又分为大缎、软缎、绉缎三种。其中大缎与绉缎使用更多。大缎常用于蟒、靠一类的昆曲戏衣，这是由于大缎外形挺括有骨，牢度适合刺绣，同时又具有良好的光泽度。在昆曲表演时，武将着大缎材质的靠，外形坚挺威武，双方对打时踢靠会发出铿锵有力的声音，完美地表达了武将刚毅、勇猛的形象。绉缎常用于帔、褶一类的昆曲服装，其质地较大缎柔软顺滑，悬垂性好，加上面料本身具有吸光性，因此绉缎具有非常柔和的光泽感。绸类面料比缎类更加柔软轻薄，素色的塔夫绸常用于百褶裙或打腰包。如《雷峰塔·断桥》中白素贞的白裙腰包，白色的塔夫绸通过褶皱形成具有一定明暗关系的百褶裙式样（图2-20），使单一的白色有了渐变，工艺处理使素色产生层次变化，增加了服装的美感，进而丰富人物的外在形象。

图2-20　塔夫绸材质的昆曲服饰

昆曲戏衣边缘装饰部位的面料与戏衣主体面料也有不同之处。如昆曲戏衣的褶子面料用绉缎，而水袖的面料则用纺类（图2-21），这类面料密度比绸类稀疏，更为轻薄，在表演时能够依靠演员的抖动来表达人物内心的情绪。锦类织物厚实坚韧，质地华贵，常

图 2-21　昆曲戏衣的水袖

用于戏衣靠腰部的边缘装饰，在起到装饰作用的同时，还具有实用的功能性。纱类是一种半透明的织物，不仅用在服装上，如《牡丹亭》十二花神服装，有时也用在配饰上，如《牡丹亭·幽媾》中杜丽娘头饰上的乔其纱装饰，既轻盈飘逸，又有朦胧的美感。

（六）昆曲戏衣的工艺特征

　　昆曲戏衣的工艺特征之一在于苏绣工艺的图案表现，再者在于嵌、滚、结等传统工艺与款式结合的细节表现，最突出的特色在于美妙绝伦的刺绣工艺。

　　苏绣因受文化影响而带有诗情画意的韵味，苏绣丝线色彩丰富，颜色呈多色阶套色，而且细致透明、抱合好、拉力强、能劈丝分缕至一丝一线，苏针又"坚而不脆"、针身匀圆、针尖锐利，上述种种因素，使得满是苏绣装饰的昆曲戏衣呈现出纹饰秀丽、色泽高雅、针刺细密、绣而整洁、合色无痕的艺术特色。

　　苏绣工艺使昆曲服装格外光彩耀眼。如图 2-22《单刀会》中的关羽、

图2-22 昆曲戏衣上金银线的使用

周仓所着男靠，使用大量金银线，使服装外部轮廓坚挺，契合人物刚正的性格；质地较硬且具备光泽度的金银线增加了服装在舞台上的华丽感，传达出人物的庄重与不可侵犯。

昆曲戏衣刺绣工艺所使用的针法非常丰富，其中使用最多的是抢针与套针针法。如《西厢记》中崔莺莺的对称纹样女帔，其中主图案的花瓣采用平套、散套针法；花芯采用打籽针法；枝干采用散套、梗绣针法；叶子采用抢针、平套针法；下身的花边图案采用抢针法，使整套戏衣呈现出简洁素雅、既统一又富有变化的视觉效果。又如《牡丹亭》中杜丽娘褶子上的牡丹花图案，就是采用同一色调、不同纯度、层层推进的套色退晕针来完成的，既含蓄精致，又变化丰富；杜丽娘女帔上的蝴蝶图案则采用反抢针法，以突出立体效果，使图案栩栩如生。

二、昆曲头面

头面是中国戏曲界对旦角头部所用各种头饰的总称，具有极强的装饰性，在塑造传统戏曲旦角人物形象中具有画龙点睛的作用。头面分软头面、硬头面两种。软头面分为线帘、网子、发垫、发簪、大发、水纱六种，用于捆束头发使用发髻成形。硬头面分为点翠、水钻、银锭三种，由多件硬质发饰组成，非常富有装饰性。旦行的头面最初以尖包结角、头上插花或插凤为基本样式。清乾隆时李斗在《扬州画舫录》卷五记载，当时的头面有"梅香络、翠头髻、铜饼子簪、铜万卷头、铜耳挖、翠抹眉"等。近现代昆曲旦角的硬头面从京剧中又引进了银泡、点翠和水钻等，并以绢花、绒花和珠花等作为陪衬，引人注目。

昆曲人物头面的造型极为丰富，其中最为华美的是点翠头面，从泡子、鬓簪、鬓蝠、泡条、串联（三联、四联）、六角、大顶花、边蝠、边凤、偏凤、面花、压鬓、后三条、包头联、竖梁、横梁、后兜、太阳光、凤挑、八宝、福寿字、耳挖子、耳坠、鱼翅，到各种形状、各种色彩的绢花、绒花和珠花等，大大小小约有50件。这些造型各异的饰物，是从古代妇女的历史装扮中总结、提炼出来的，每一件都让人既熟悉又觉得美感十足。硬头面可以全套使用或半套使用，也可以单件使用。昆曲头面的特征归纳见表2-10。

表2-10 昆曲头面的特征

分类	图片	款式与工艺	色彩	使用角色
点翠头面		由顶花、后三条、边凤、边蝠、压鬓、泡子、耳环、鬓花等约50件头饰组成，制作技艺复杂，用金、银、铜或鎏金的金属做成不同工艺图案的底座，再把翠鸟背部亮丽的蓝色羽毛剪切后镶嵌在座上，现多用染色鹅毛代替翠鸟羽毛	蓝、金、银、白，以及少量的红色点缀	点翠头面最华美，象征高贵的身份地位。用于贵妃、公主以及身份高贵的女性
水钻头面		由顶花、后三条、边凤、边蝠、压鬓、泡子、耳环、鬓花等约50件头饰组成，用高级玻璃仿制的钻石镶嵌在金属底牌上制成	红、金、银、白,点缀各色鬓花	水钻头面最靓丽，不分贫富，为年轻美丽、性格活泼的女性使用
银泡头面		银或铜制镀银，为半圆形球状体，件数少，一般为5、7、9等，穿戴时不戴顶花，也不另配草花，饰于额前，发髻插簪于后，右翼垂一束发片。以塑造朴素、悲情苦楚、受尽磨难的人物形象	银、白	一般用于贫寒、寡居的妇女，常与素褶子搭配使用

三、昆曲盔头

盔头又称盔帽，是传统昆曲中人物所戴冠帽的统称。昆曲盔头的使用讲究高，就像靴底讲究厚一样。昆曲高盔厚靴的作用在于拔高男性演员的形体，使人物显得更为高大。

昆曲盔头按样式大致分为盔、冠、帽、巾四类，按质地又可分为硬胎、软胎两种。使用时需按照剧中人物的年龄、地位、身份、性别等要素来区分，装饰上特别讲究。在昆曲舞台上，昆曲盔头与服装、靴鞋等服饰配合使用，用来刻画人物形象，获得良好的视觉效果。昆曲盔头的特征见表2-11。

表2-11 昆曲盔头的特征

分类	样式	图片	代表盔头	款式特征	色彩	使用角色
硬胎盔头	盔		帅盔、夫子盔、判盔、踏蹬盔、草王盔、荷叶盔、中军盔、倒樱盔、二郎盔、狮子盔、虎头盔、钻天盔等	由前后身组成，一般缀有火焰纹面牌、白蜡珠抖须、彩缨、绒球等装饰	金、银、白	武将所戴的具有防御性的帽子
	冠		天平冠、九龙冠、唐帽、凤冠、过桥、紫金冠、猴紫金冠、八角冠等	由前后身组成，冠身如半球，贴金或银箔，前额子口饰绒球，左右侧有翎管、大龙尾耳子挂丝穗	金、银、绿、白	帝王贵族的礼帽
	帽		乌纱帽、驸马套等	硬帽，帽壳前呈半圆形，插翅一对，有圆翅、尖翅、方翅之分	黑	方翅用于忠正文官，圆翅用于丑扮文官，尖翅用于奸臣
	帽		双龙鞑帽、罗帽、凤帽、倒缨帽、皂隶帽、毡帽、砂锅浅儿、大小太监帽、翅帽、候帽、额子、七星额子、御姬帽、草圈帽等	硬帽，形态各异，如双龙鞑帽用素缎蒙面，饰点翠二龙戏珠、白蜡珠抖须等，有黄、红二色，黄色为皇帝骑射出行时所佩戴	金、银、秋香、古铜、紫、蓝、白、黄	用于各类人群佩戴，上至王公贵族，下至平民百姓
	帽		相貌、龙相貌、九龙相貌、包角相貌、驸马套	上方下圆，插长翅、龙相貌等，上缀龙珠、光珠等饰物，多与改良蟒搭配穿戴	黑、秋香、古铜、紫红	为剧中丞相所佩戴

分类	样式	图片	代表盔头	款式特征	色彩	使用角色
软胎盔头	巾		皇巾，也称帝王巾	整体软胎，前低后高、有白玉帽正、前绣彩龙、后有朝天龙翅一对	大红、橘黄	皇帝所戴便帽，与黄缎龙帔搭配使用
			相巾，常用于八仙中的曹国舅佩戴	整体方形，缎制、平金绣，绣垂直纹与如意纹，有白玉帽正，后有朝天龙翅一对	紫、红、蓝、黑	宰相家居时佩戴的便帽
			金胎鹅黄绒球鸭尾巾、银锭白绒球鸭尾巾、秋香色鸭尾巾等	前低后高，顶端缀一排生丝缨，前缀白蜡珠抖须，小绒球，后为硬平面	白、鹅黄、秋香	为老年江湖人物所佩戴
			小生巾、学士巾、必正巾、高方巾、矮方巾、苦生巾、武生巾、报子巾、大叶巾、刽子巾、知了巾、如意巾、诸葛巾、鹤巾、道士巾、八卦巾、纯阳巾、柳叶巾、福星巾等	用缎制成，前低后高，正面、边缘配有刺绣图案，小生巾左右侧下端有如意头，背后垂两根绣花飘带；学士巾后背下部插一对波浪状绣花翅；武生巾左右侧如意头挂小丝穗	大红、果绿、湖蓝、绯红、银灰、古铜、白、黑	各类人群着便装时所佩戴。知了巾为丑扮公子佩戴
	帽		水族帽、士兵帽、无常帽	绸缎制成，水族帽包括鱼、蟹、虾、龟塑形的软胎帽，有小后兜，与水族衣配套使用	湖蓝、绿、黄、白、黑	水族帽、士兵帽分别为武扮水族兵、士兵使用

布艺上的昆曲

在家纺产品设计中的应用研究

昆曲艺术视觉符号

四、昆曲鞋靴

　　昆曲鞋靴是传统昆曲中戏衣的专门配属服饰之一，分为男用鞋靴和女用鞋靴。男用鞋靴包括靴、鞋、履三类，为生、净、丑行扮演的角色所穿。根据鞋头装饰的不同，可分为高底靴、朝方靴、薄底靴、跳鞋、莲花鞋、草鞋、方口鞋、夫子履、福字履、登云履等。女用鞋靴分为鞋、靴两类，为旦行（含丑扮彩旦）扮演的角色所穿，包括彩鞋、内高底彩鞋、彩旦鞋、女薄底靴、旗鞋、船底鞋等。昆曲鞋靴的特征归纳见表2-12。

表2-12　昆曲鞋靴的特征

分类	名称	图片	代表鞋靴	款式特征	材料	使用角色
男用鞋靴	靴		高底靴、朝方靴、厚底猴靴	白底、底厚，高底靴为6.7~10cm，朝方靴为3.3cm，靴筒较长	青缎、红缎、黄缎、黑缎、黑绒、皮	为帝王与文武官员所穿着。朝方靴主要用于丑扮官员、文人穿着
			薄底靴、虎头靴、快靴	薄底、齐踝中帮、牛皮底	青缎、黑布、黄缎	为短打武生，武、杂等角色所穿着
			虎头靴	有厚底和薄底之分，高帮，鞋面饰彩绣或盘金绣，鞋尖饰虎头	绿缎、橘黄缎、黄缎、红缎等各色绸缎	多与武生穿得改良靠、箭靠配合使用
	鞋		跳鞋、莲花鞋、猴跳鞋、鱼鳞鞋、洒鞋、草鞋、方头鞋	薄底、低帮、鞋面刺绣猴毛纹、鱼鳞纹等，或用草编结成草鞋	绸缎、木、草	哪吒、孙悟空、上手、下手、水路英雄、渔夫、丑僧等穿着
	履		登云履	白色6cm厚底，鞋头有立体状大云头	蓝缎	道家、仙官所穿
			福字履	薄底、低帮、面镶贴蝙蝠纹、团寿云纹等	秋香色素缎，镶贴图案为黑缎、黑绒	为男角装扮的老旦穿着
			夫子履	朝方底、底厚2cm、镶贴云头纹、蝙蝠纹、团寿纹	白缎、蓝缎	穿书生、须生穿着

分类	名称	图片	代表鞋靴	款式特征	材料	使用角色
女用鞋靴	鞋		彩鞋、旗鞋内高底彩鞋、彩旦鞋、船底鞋	薄底、低帮、鞋面绣花、前饰丝穗或无丝穗	绸缎、棉布、木	公主、后妃和普通人都可穿着
	靴		女薄底靴	薄底、齐踝中帮、鞋面绣花、前饰丝穗	绸缎、丝线	武旦穿改良女靠、战裙袄裤时配套使用

五、昆曲服饰的文化内涵

昆曲服饰讲究诗情画意之上的形式美。这是因为，昆曲产生之初受文人文化影响颇深，当时的昆曲剧本、昆曲服饰的创作者多为文人、画家，这些人能诗、能文、能画，因此，在他们的设计或参与下，昆曲剧本及服饰得到了诗画般的高度提炼。如明末清初时期的现实主义剧作家李玉，他创作的昆曲剧本及服饰就能够结合舞台实际，便于戏班的演出，"案头场上，交称便利"，同时又能够继承苏州文人的优良传统，重视昆曲的内容意境，运用华丽优美的词藻进行创作。朱素臣、朱佐朝等一大批江南文人投身于昆曲剧目创作，甚至有人还亲自设计舞台美术，这使昆曲艺术具有很高的文学性，透着高雅的气韵，增添了深厚的文化内涵。如《牡丹亭·寻梦》里，杜丽娘因剧情和人物感情的表演需要着"粉红绣花帔、衬皎月花裙子"，一人载歌载舞，要表现出其梦中和梦醒后的情感过程。还有《疗妒羹·题曲》中乔小青着"天蓝绣花帔，衬皎月花裙子"，手持卷书《牡丹亭》，表现出哀情婉转、难以成眠之态。昆曲在产生及发展的过程中，许多文人运用中国画原理，通过昆曲戏衣这一外在形式来达到"以形传神"，重在"传神"的境界，为表现昆曲人物角色更好地服务。

昆曲服饰讲究表现文人气质、淡雅含蓄的和谐美。昆曲在产生与发展过程中一直为文人士大夫所追求，而他们精通书画，追求野趣，隐逸情调，崇尚淡雅，在对昆曲服饰要求上，讲求内外兼修，讲求使服饰与剧情完美结合。昆曲词曲格调高雅，流丽悠远，这就要求服饰能与之呼应，体现出高雅的艺术风格，以便如实传达剧中的人物情感。如《牡丹亭·写真》里，着

"粉红对襟，如意绣花帔"的杜丽娘，自知不起，在中秋前夕，手持画笔，目视镜面，待提笔留下春容。杜丽娘着装不仅与《牡丹亭·写真》这一折剧情吻合，与场景吻合，也与其人物性格相配，达到了"内外结合，天人合一"的境界。同时在其如意绣花帔上，以梅、兰、竹、菊等装饰物来体现文人雅士的审美趣味。

第四节　砌末视觉元素

砌末一词始见于宋元南戏中，为戏班行话，意指演戏时所用的各种"什物"，是戏曲舞台上大小用具和布景的统称，也称道具，承担帮助演员完成表演动作，制造"景"的幻觉，使观众产生想象，从而完成景物造型的任务。在昆曲舞台上，潘必正的折扇，陈妙常的古琴，关云长的大刀，李太白的笔砚，唐明皇、杨贵妃宴饮的杯盏和出行的仪仗，以至尼姑的拂尘，衙役的棍棒，渔父的船桨，武卒的马鞭，包括用来表现特定环境的布城、大帐、旌旗、高台等，无不属于砌末的范围。

一、昆曲典型砌末及其造型特征

典型砌末有各种场景都可使用的一桌二椅，以扇、手绢、酒具为代表的生活用具，以刀、枪、把子、旗帐、布城为代表的战事用具，以马鞭、木桨、车旗为代表的交通用具等。昆曲砌末的分类与造型特征见表 2-13。

表 2-13　昆曲砌末的分类与造型特征

分类	图片	款式、图案、色彩	材质、种类	使用场景
一桌二椅		方正桌椅，外罩桌围椅帔，围帔刺绣图案，刺绣图案对称且有角花，背景色彩有红、白、黄、绿等	桌椅为木质，外帔为绸缎材质，主要包括大座、双大座、八字桌、三堂桌、斜场大座、大座跨椅	使用最多的砌末，有不同的摆列样式，不同样式象征不同的情景

分类	图片	款式、图案、色彩	材质、种类	使用场景
守旧		方形，刺绣图案包括花卉、飞禽、兽、博古纹等	缎底，丝线刺绣，图案为中国传统吉祥图案	划分前后舞台，起背景与装饰作用
布帐		大约高两米、宽三四米不等，图案根据布帐使用的场所用几何线条简单表现	厚纸、白布	用于体现城墙、城楼、鼓楼场景
山石云片		山石形、云朵形，山石纹、云纹等	厚纸、白布	表现假山石、山岭等，体现人物腾云驾雾的情景
扇		折扇接近三角形、团扇接近圆形，主要绘制花鸟、山石图案与文字	纸、绢扇面，木柄，主要有折扇、团扇	金泥纸扇一般小姐使用，团扇一般由丫鬟使用
日常道具		舞台上用的这些道具造型、色彩、图案均经过装饰加工，整体视觉风貌保持一致	木、塑料、纸、金属，主要有笔墨纸砚、灯笼、酒具、乐器、圣旨、香炉、酒坛、伞具、船桨、马鞭	各色人等用于各种生活场景，如马鞭代表骑马、船桨代表划船
旗帜		方形、三角形为主，图案为几何纹样以及各类传统纹样	绸、锻、棉布，主要有门枪旗、大靠旗、帅旗、水旗、车旗、姓字旗、月华旗、令字旗	道具中的大类，用处各不相同，如用于武场，表帆帅军出战的场景
刀枪把子		造型各异，图案为几何纹样、珍禽异兽纹样等	木、纸、塑料、金属，主要有刀、枪、剑、戟、斧、钺、勾、叉等	用于武场，各类武将使用的武器

二、昆曲砌末的写意性与文化内涵

砌末的虚拟化是昆曲艺术非常显著的特征，其使用秉承写意手法，以虚当实，如扇子一挥，便是姹紫嫣红；台边挂起一道酒帘，酒客和店小二就有了活动场所；台中搭起一座帅帐，大元帅就可登台点将、发兵布阵；用佛龛表示寺庙，用床帐表示闺房，一根鱼杆同时表示了河岸、河水以及水中的鱼；手执云牌表示正在天上飞行；摆上烛台则表示已是夜晚……砌末的使用可以使小小数尺舞台按剧情之需而无限拓展、不断变幻其场景氛围，帮助观众体味剧情并识别剧中人物的个性身份，舞枪使棒的与挑担叫卖的，或摇扇吟哦的，有明显不同，同样是执扇子的，也还有许多讲究。《牡丹亭·惊梦》中的杜丽娘和春香，一个用折扇，另一个用团扇，显现着小姐和丫鬟的不同身份。同样用折扇，秀才文人用的是书画折扇，以示高雅；而乡绅用的是赭色油纸折扇，以示粗俗。介于二者之间，《水浒传·借茶》中的张文远之流用的则是泥金书画扇，以示其表面风雅，实质刁猾卑琐的个性特征。

昆曲之美，美在写意，美在虚幻。一尺砌末，不只表达所呈现出来的视觉内容，更要表达其背后更深层的时空与含义。砌末使用的写意处理手法是中国传统艺术文化的通法，是中国民族设计需要继承并发扬的精华。

第五节　乐器视觉元素

中国戏曲是集文学、音乐、表演、美术等各种艺术手法于一定剧情之内的高度综合艺术，其中音乐是区分不同剧种的重要标志，而它的主要伴奏乐器，则是形成这一剧种和声腔特有风格的关键所在。如皮黄腔用京胡伴奏，梆子用高音板胡伴奏，昆曲则用曲笛伴奏，同时还有与之协调、在音色上起辅助烘托作用的配奏乐器，如笙、箫、唢呐、三弦、琵琶等（打击乐俱备）。

一、典型昆曲乐器及其特征

笛，吹奏乐器，是昆曲文场的主奏乐器，主要分为两类：一类是以伴奏昆曲而得名的昆笛（图2-23），笛身粗大，音色柔和委婉，也称为曲笛；另一类是以伴奏梆子戏而得名的梆笛，

图2-23　昆笛

笛身较短小，音色刚健明亮。传统曲笛分雌雄，雌笛为小工调（西洋音乐 D 调），用于生、旦的伴奏；雄笛笛筒较粗，比雌笛低半个音阶，用于老生、净角的伴奏。传统曲笛笛孔为六孔等距，既是文场伴奏乐器的主奏领袖，又是校订各种乐器音高的音准乐器，所以在场面中与鼓板合称为"青龙白虎"。

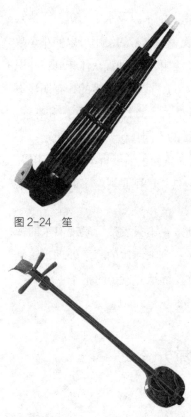

图 2-24　笙

笙，吹奏乐器，由簧片、笙管、笙斗三部分组合而成（图 2-24）。簧片一般为铜质，位于笙管下端，笙管为十三至十九根长短不等的铜管，排成马蹄形，装在铜制的圆形笙斗上，左面密排，右留缺口以容纳右手食指插入，昆曲伴奏一般用十七簧管的笙，演奏时多吹奏三或四个音组成的和音。笙曾是春秋、战国、秦、韩时期重要的吹奏乐器，起源非常久远，也是昆曲场面中重要的演奏乐器之一。

图 2-25　弦子

唢呐，吹奏乐器，也称喇叭。由侵子、木管、碗子三部分组合而成。其形制是在椎形木管上开八个按音孔（前七后一），木管上端装一细铜管，铜管上端承接一铜质喇叭口。传统唢呐按形制尺寸可分为大唢呐、中唢呐、小唢呐，在昆曲场面较常使用的是小唢呐，又名海笛，其音色高亢，多用于吹奏"粗牌子"，以渲染舞台喜庆或雄壮的气氛。

弦子（图 2-25），弹拨乐器，是三弦的一种，又名小三弦，身稍细，鼓圆，有扁平近椭圆形的木质音箱，两面蒙皮，以文木制成，即现今昆曲及弹词中所用的南弦，是传统昆曲伴奏的主要乐器之一，与鼓、笛合称为"三件头"。在伴奏中兼有丰富音色、控制节拍作用，成为昆曲场面的掌纲乐器。

琵琶（图 2-26），弹拨乐器，最早的名称为批把。自秦汉以来，经过历代改进，逐步固定形制，发展为今天的半梨形音箱，以薄桐木板蒙面，四弦，用手或粘甲弹拨。它的演奏技法是既能独奏、又能伴奏与合奏，演奏时竖抱琵琶，右手五指弹奏，有弹、挑、滚、摇、分、抹、勾、剔、扣、扫、拂、轮等技法。其音色清脆明亮，音域宽阔，具有丰富的表现力，是昆曲文场的重要伴奏乐器之一。

图 2-26　琵琶

阮（图 2-27），弹拨乐器，也称为秦琵琶、月琴，分为大阮、中阮两种形制，由琴头、琴杆、音箱三部分而成。琴头状如如意，两侧分设四个弦轴，琴杆修直，正面平整，背部呈扁圆形；音箱呈圆形，面板、背板微拱，面板上方设两个音孔。大阮音色圆润，中阮音色恬静醇厚，昆曲伴奏通常以中阮为主。

提琴（图 2-28），古代传统乐器。也称为提胡。明代嘉靖、隆庆年间，昆山腔创始人魏良辅将其引入昆曲，与笛、弦子、笙、点鼓组合为清唱伴奏，构成昆曲清淡疏雅、柔和婉约的伴奏风格。提琴为圆形琴筒，贴

图 2-27　阮

薄桐木面板、两弦、两轴，用马尾弓拉奏。这件乐器，除清唱必用之外，舞台上表演的生、旦细曲也都以它来助奏。新中国成立后，昆曲乐队发展，乐器增多，为了音色的厚度、音亮的配

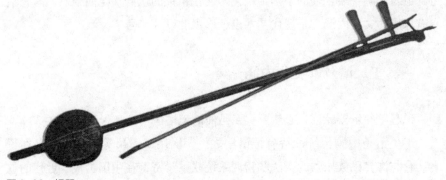

图 2-28　提琴

合，加之演奏者不识其物、不习惯操纵，就使用二胡来代替，殊不知昆曲的文曲、细曲伴奏中，将竹笛、弦子、苏笙、提琴、点鼓一起使用，是多年探索而成的一套配器，极其适合表达昆曲唱腔中婉转清柔、娓娓动听的深邃乐境。提琴音量虽小，但柔中带刚，穿透力很强，而二胡则不具备这样的表现力。所以现今的苏州昆剧院、江苏省昆剧院、上海昆剧院的表演中，都已适当恢复使用。

点鼓（图2-29），也称怀鼓，厚木边，中间高，留有中空鼓心，四边渐低，两面蒙牛皮，鼓心一大一小，可任择击奏。点鼓也是用于昆曲清唱和生旦文戏的唱段。近现代以来，昆剧表演单皮鼓使用更多，目前湖南省昆剧院、上海昆剧院、苏州昆剧院的演出会偶尔恢复点鼓乐器的使用。

图2-29 点鼓

除此之外，昆曲表演所用乐器还包括号筒、管、长尖、二胡、中胡、高胡、古琴、杨琴、筝等民族伴奏乐器。

二、昆曲乐器的文化内涵

昆曲乐器会使人想起昆曲音乐、昆曲表演，其背后包含着对昆曲轻柔婉转的音乐的回味，对如水、如玉、如瓷大美角色的赞叹，对灿烂、优雅的中国古老传统戏曲文化的折服，对昆曲音乐、乐器在六百年兴衰过程中不断演进、纳新和融合所代表的中国传统艺术文化精神的认同。昆曲乐器元素背后具有深层的文化内涵，是现代艺术设计珍贵的设计符号。

三、工尺谱及其文化内涵

说起昆曲乐器元素，必然要提及昆曲的记谱法——工尺谱（图2-30）。工尺谱是中国传统的特有记谱法之一，因用工、尺等字记写唱名而得名。它与许多民族乐器的指法和宫调系统联系紧密，在中国古代、近代的歌

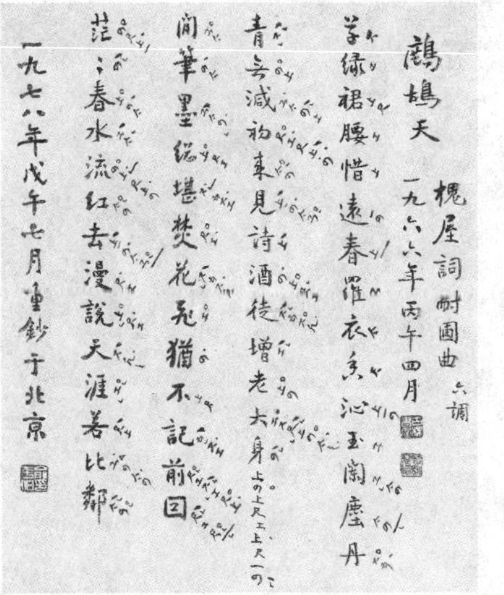

图2-30 工尺谱

曲、曲艺、戏曲、器乐中应用广泛。工尺谱历史悠久，唐代即已使用燕乐半字谱，如敦煌千佛洞发现的后唐明宗长兴四年的写本《唐人大曲谱》，至宋代即为俗字谱，如张炎《词源》中所记的谱字，姜夔《白石道人歌曲》的旁谱、陈元靓《事林广记》中的管色谱等，一直发展到明、清通行的工尺谱，这种记谱法到清乾隆、嘉庆年间出现一种用工尺谱记写的管弦乐合奏总谱——《弦索备考》，也称《弦索十三套》。近代常见的工尺谱，一般用"合、四、一、上、尺、工、凡、六、五、乙"等字样作为表示音高（同时也是唱名）的基本符号，分别等于 sol、la、si、do、re、mi、fa（或升 fa）、sol、la、si，如表示比"乙"更高的音，则在"尺、工"等字的左旁加"亻"号，如表示比"合"更低的音，则在"工、尺"等字的末笔曳尾。

工尺谱是中华民族特有的记谱符号。从形式上看，工尺谱具有符合现代审美标准的简洁、符号化特质，而其表达方式又富含中国书法的韵味，尤其是当工尺谱与富丽华美的昆曲曲辞相遇时，更折射出中国文化特有的朴素与神秘意蕴，代表着雅意的昆曲艺术和中国文化艺术的源远流长。从形式到内涵，工尺谱都具有现实而非凡的设计意义。

第六节　人物动态视觉元素

昆曲表演有其独特的体系和风格，最大的特点是抒情性强、动作细腻，歌唱与舞蹈的身段结合得巧妙而和谐。演员不仅通过"歌"表情达意，而且通过"舞"塑造出众多美的造型，这种造型的核心不求对生活对象的精确模仿，只求对其特征、本质的高度凝练，重神似、意境，顺乎自然又超乎自然，最终将生活中人的形体、行为、表情乃至环境的自然形态提炼为具有典型意义的艺术程式，即昆曲表演的程式化。程式化的视觉表现具有明确的昆曲意味，成为典型的昆曲艺术视觉元素。

程式化的昆曲表演讲究"四功五法"，"四功"是指唱、念、做、打，其中，唱为唱曲，念即念白，做是舞蹈化的形体动作（图 2-31），打则是武术、翻跌技艺（图 2-32）；"五法"即手、眼、身、步、法，是指协调表演身段的一套基本方法，它把演员的形体分为五个部位，即手、眼、上身、下身、步，要求演员在表演时，遵从程式化的手法、眼法、身

图 2-31　昆曲的做功

图 2-32　昆曲的打功

法（上身、下身）、步法（圆场）以及形体五部位之间相互协调配合的表演程式。对人物动态元素的研究主要包括"四功五法"中的做功、打功以及手法、眼法、身法、步法和整体的动作程式。

一、做功

做功泛指表演技巧，一般又特指舞蹈化的形体动作，是戏曲有别于其他表演艺术的主要标志之一。演员在表演时，手、眼、身、步各有多种程式，水袖、髯口、翎子、甩发也各有多种技法，一举一动，开门关门，上马下马，举头回望，扬花落笔，甩袖合扇，都要有规范，有章法，都要有舞蹈的韵律，以深厚的基本功为基础，讲究以腰为中枢，上身、下身、手、脚下、眼神协调配合，从动作规律出发来达到自然和谐的动态美。同时，还要注意把技巧动作与人物的身份、行为目的、情感意境相结合，产生真实感。当然，这种真实是艺术的真实，舞蹈化的真实，含蓄的真实，而非生活的真实。"做"不是纯技术性的表演，而是各具特点的内涵与表象，举手投足间，既有内心的体验，又能通过外形加以表现，在内外交融中塑造丰富的人物动态形象。

二、打功

打功是戏曲形体动作的另一个重要组成部分，是传统武术的舞蹈化，也是生活中格斗场面的高度艺术提炼。一般分为把子功和毯子功两大类。凡用古代刀、枪、剑、戟等兵器对打或独舞的，称把子功，如起霸、走边、对枪、下场等；在毯子上翻滚跌扑的技艺，称毯子功，如翻跟头、打荡子、各种舞蹈和高难技巧。毯子功的一些项目，单独看近乎杂技；把子功的一些套数，单独看类似武术。但在戏里组合连贯起来，却成为具有丰富视觉表现力的舞蹈语言，能够刻画人物，阐释剧情，并使观众获得直观的艺术享受。

三、手法

手是形体语言最重要的传达工具，在昆曲舞台上，手的动作经夸张和美化而成为戏中角色情感、心态的外露形式。摇手，表示否定或拒绝；搓手，表示思索或焦虑；抖手，表示气忿或害怕等等。不仅如此，手的姿式还常常与人物的身份性格相关。同样是摇手，净角可以岔开五指，表示粗犷豪爽，而生角则必须将拇指收拢在掌心内，才显得优雅含蓄。旦角的手姿丰富而极具戏曲特色，包括螃蟹手、观音手（指手）、鹰爪手、兰花手、无名指手、姜母手、半拳手、拇指手、末指手、五指手、卷手、搭手、拍手等。其中，最为典型且具特色的是螃蟹手、观音手、鹰爪手、兰花手及姜母手。表 2-14 总结了典型旦角手姿的动态程式特点。

表 2-14 旦角手姿的动态程式特点

名称	图片	程式特点
螃蟹手		将拇指伸直，食指弯曲并与拇指相抵，其余手指并拢伸直。俗称"一圆插三角"，因形如蟹腿，故为"螃蟹手"。旦角基本手姿之一，常用于动作与动作间的衔接
观音手		食指伸直上指，手心微偏斜外方向，拇指指尖与弯曲的中指指尖贴紧，拇指与中指形成一个小圆圈形状，无名指要弯曲并且第一关节处要与中指的第二关节相靠拢，末指要弯曲且稍离无名指，用于指人或指物
鹰爪手		手心向内，拇指伸直，指尖与食指指尖相抵，中指、食指略弯曲，中指要托住大拇指，无名指、末指也要呈弯曲状态，且末指手向下微弯。旦角基本手姿之一
兰花手		大拇指伸直并靠近中指的方向，距离约一寸，其余四指分别伸直且分开，食指指背高出中指，无名指指背高于中指指背，末指指背最高。旦角基本手姿之一
姜母手		虚握拳，拇指指尖捏住食指指尖，无名指指背高于中指指背，末指指背高于无名指指背，应用于走路、牵马时的手姿。因形状如姜母，故称"姜母手"

据记载，大部分旦角手姿来源于佛教造型，它们以变化万千的形式贯穿于表演过程中，对塑造人物性格，表达人物情感具有极为重要的作用。表演

过程中，手姿会伴随旦角的表演不断变化，且呈现不同的含义。如在"拱手科"表演中，旦角手姿由鹰爪手慢慢变为螃蟹手，表达的是晚辈对长辈尊敬的礼仪；在相公摩科表演中，旦角手姿由兰花手逐步转变为螃蟹手，表达的是兴高采烈或极度愤怒的情绪。

同样的手姿，由于人物的年岁、身份不同，其姿态也要有所区别。如同样的兰花手，六旦、闺门旦、中年正旦、老旦的姿态则有不同。六旦，十二三岁的小丫鬟，天真活泼，好比一朵未开的花骨朵儿，她表现的手姿就应当紧握着拳头，突出一个食指，来表现年龄的特点。闺门旦，二十岁左右的少女，花朵慢慢地开了一点，手姿的运用就应当表现出含苞待放的形式（图2-33）。中年正旦，好比兰花已然完全盛开，她的手姿就要力求庄重娴美，与二十岁左右少女的含羞

图2-33　昆曲中闺门旦的手姿

姿态应有一定的距离。老旦的手姿，基本上与正旦相同，只是老旦的手指指出，应当表现得僵硬些，不仅手指要表现出僵硬，身法、步法也应当配合一致，表现出老态龙钟的神态。昆曲的每招每式都极其考究，力求到位，而且非常注意在综合性框架内手、眼、身、步、法的配合协调。

四、眼法

眼睛是心灵的窗户，因而抽去眼法的手式、台步或身段就只能是一串缺乏表情的舞台动作，并不具备戏曲所特有的艺术美和感染力。行话说："上台全凭眼，眼法心中生。"戏曲演员需要经常练习转眼球、提眼珠、斗鸡眼等基本功，熟练掌握正视、注视、垂眼、斜视、瞪眼、怒眼、忧眼、吊眼、呆眼、白眼、人字眼、睇眼、扬眼等多种眼神的表现技巧，在理解剧情的基础上，配合一定的身、手、步法，将剧中人物的喜、怒、爱、恨、忧、乐、悲、恐、羞、怜、犹豫、得意等各种心态通过眼神（图2-34）准确地传达

图 2-34　昆曲的眼法

出来。丰富的眼神变化，配以昆曲特定的眼部化妆，是典型的人物动态视觉元素。

五、身法

身法，或称身段，它所规范的是演员的整个躯干在舞台上的活动，因而同手法、眼法相比，身法更自觉地体现着戏曲表演艺术综合性的形式特征。前辈艺人就基本身法归纳为"起、落、进、退、侧、反、收、纵"八字要诀，讲求"进要矮，退要高，侧要左，反要右"。完成动作要"横起顺落"，才能进入戏曲表演顺溜圆畅、自然优美的艺术境界。如用手指向一个目标的身段，用手指出时，手需先从左肩出发微向下画一弧线，然后再向右指，同时左脚向后退半步，右脚也跟着后退半步，这样结合应用，身段才会好看。再如旦角身法中最常用的阉脚、企脚和踏脚三种程式，其共同特点是上身立定，身体正向前方，俗称"糕人身"，这一体态能将旦角优雅、端庄的形象更好地体现出来。身法规范在舞台实践中须灵活运用，同一"拉山膀"，净角要撑，生角要弓，旦角要松，武生取当中，表演应视具体的角色场景而定（图 2-35）。

图 2-35　昆曲的身段

六、步法

戏曲界称走台步为百练之祖，是练习身段的首要和基本的内容。考察一个演员的身上功夫，通常要先看他的步法是否稳重准确（图2-36）。除了基本的台步之外，不同的角色身份，甚至行头场景的变化，都会对步法提出一些特殊的要求。

例如，穿蟒时，在出场立定后的头两步，需要将腿略抬起使其弯曲，然后再走出去；穿箭衣时，需要脚尖尽力向左右偏些走出去；穿褶子时，不需要那么偏，腿也要抬得比较低些；穷生的台步又有

图 2-36 昆曲的步法

特殊要求，腿部更要弯一些，走时脚面放平，脚步向前直走，略带移步的样子，好像走不动而拖着走的形象，所以也叫"拖步"；小生还有一种特殊的小蹿步。有时因为剧情需要，要走退步，行话称"撤步"。其要领是脚尖先落地，然后脚掌再随着落地。若脚掌先落，则会发生摇晃不稳的现象。旦角的步法主要包括蝶步、简步、娘行、顿脚、颠脚等，每个脚步之间的距离以"寸"为计量单位。如表演时最常见的蝶步，其动作要求为双脚并拢并且足后跟要离开地面慢慢向前，每步约三寸；而简步，则要求足趾尖要离开地面，后脚跟着地并以每步约两寸的距离向前行进；即便是相比较而言最为轻松的娘行，每步也不能超过五寸。

昆曲角色的表演程式并不是单个的肢体动作，而是由手姿、眼神、身段、步法共同连接而成的表演，就如同舞蹈一样，每一种程式都有其固定对应的动作组合。如旦角表演"指手科"的基本动作为：左脚向前行进一小步，左手向后贴在背部，右手则是观音手慢慢上举，同时右脚进前阖

左脚，右手食指指尖慢慢与鼻尖对齐，用于指示一切事物。又如旦角表演"相公摩科"的动作为：右手兰花手偏右前侧上举，手心向后，卷手改螃蟹手，手心向外；左手是螃蟹手向前放至胸前的位置，然后左手慢慢改为指手并向左斜下方指：右脚前踏一步，左脚跟前作阉脚，右脚后跟向上提，左脚离地，左手偏左后，食指向下按，左手向上提，双手都为螃蟹手，一高一低向上举。"四功五法"的综合、灵活运用，使昆曲表演成为载歌载舞的美妙艺术，也成就了昆曲舞台丰富多彩的人物动态形象，这也成为能够代表昆曲艺术风格的视觉元素。

第七节　昆曲经典剧目情节视觉元素

昆曲的经典剧目主要有汤显祖的临川四梦——《牡丹亭》《紫钗记》《邯郸记》《南柯记》，王世贞的《鸣凤记》，沈璟的《义侠记》，高濂的《玉簪记》，李渔的《风筝误》，朱素臣的《十五贯》，孔尚任的《桃花扇》，洪升的《长生殿》等，每一部戏又有许多经典的折子戏传世，这些经典剧目的情节、唱词、念白等表现元素，具有深厚的文化底蕴，能够很好地呈现昆曲艺术典雅、含蓄、精致的文化风貌，是昆曲艺术的叙事性视觉元素，如果将这些元素以视觉的形式呈现出来，应用在现代家纺产品设计中，必将在设计与受众之间建立情感桥梁，产生良好的文化感应。因此，本书将这部分内容也纳入研究之列。

一、唱词、念白的文化传递

昆曲经典剧目的唱词绮丽，具有极高的艺术文化修养，很多唱词都经典而脍炙人口，特别是其唱词所表现出的中国传统价值观，如忠贞的爱情、忠义、同甘共苦、侠肝义胆等，在今天，仍然具有深刻的现实意义。

当"不到园林，怎知春色如许"的文字映入眼帘的时候，令人想起美目盼兮的杜丽娘，忆起轻歌曼舞的《牡丹亭》，同时为杜丽娘与柳梦梅为爱而死、为爱而生的真挚爱情而唏嘘。《牡丹亭》经典的念白、唱词非常脍炙人口，由表2-15可见一斑。

表2-15 《牡丹亭》经典唱词

曲牌	唱词
绕地游	梦回莺啭乱煞年光遍，人立小庭深院。炷尽沉烟抛残绣线，恁今春关情似去年
步步娇	袅晴丝吹来闲庭院，摇漾春如线。停半晌整花钿，没揣菱花偷人半面，迤逗的彩云偏。我步香闺怎便把全身现
醉扶归	你道翠生生出落的裙衫儿茜，艳晶晶花簪八宝瑱，可知我一生儿爱好是天然？恰三春好处无人见，不提防沉鱼落雁鸟惊喧，则怕的羞花闭月花愁颤
皂罗袍	原来姹紫嫣红开遍，似这般都付与断井颓垣，良辰美景奈何天，赏心乐事谁家院，朝飞暮卷，云霞翠轩，雨丝风片，烟波画船，锦屏人忒看的这韶光贱
好姐姐	遍青山啼红了杜鹃，茶蘼外烟丝醉软，那牡丹虽好，他春归怎占的先，闲凝眄，生生燕语明如剪，听呖呖莺声溜的圆
山坡羊	没乱里春情难遣，蓦地里怀人幽怨。则为俺生小婵娟，拣名门一例一例里神仙眷。甚良缘，把青春抛的远。俺的睡情谁见？则索要因循腼腆，想幽梦谁边，和春光暗流转迁延。这衷怀哪处言？淹煎泼残生除问天
山桃红	则为你如花美眷，似水流年，是答儿闲寻遍，在幽闺自怜。转过这芍药栏前，紧靠着湖山石边，和你把领扣松，衣带宽，袖梢儿揾着牙儿苫也。则待你忍耐温存一晌眠。是那处曾相见，相看俨然，早难道这好处相逢无一言
画眉序	好景艳阳天，万紫千红尽开遍。满雕栏宝砌，云簇霞鲜。督春工连夜芳菲慎莫待晓风吹，为佳人才子谐缱绻，梦儿中有十分欢抃
滴溜子	湖山畔，湖山畔，云缠雨绵，雕栏外，雕栏外，红翻翠骈，惹下蜂愁蝶恋。三生石上缘，非因梦幻。一枕华胥，两下遽然
小桃红	这一霎天留人便，草藉花眠，则把云鬟点，红松翠偏，见了你紧相偎，慢厮连，恨不得肉儿般和你团成片，也。逗的个日下胭脂雨上鲜，妙！我欲去还留恋，相看俨然，早难道好处相逢无一言
尾声	困春心，游赏倦，也不索香熏绣被眠。春啊！有心情那梦儿还去不远
懒画眉	最撩人春色是今年，少什么低就高来粉画垣，原来春心无处不飞悬，是睡茶蘼抓住裙钗线，恰便是花似人心向好处牵
惜花赚	何意婵娟小立在垂垂花树边，你才朝个人无伴，怎游园画廊前，深深蓦见衔泥燕，随步名园偶然，娘回转幽闺窄地教人见小庭深院
忒忒令	那一答可是湖山石边，这一答是牡丹亭畔，嵌雕阑芍药芽儿浅，一丝丝垂杨线，一丢丢榆荚钱，线儿春，甚金钱吊转
嘉庆子	是谁家少俊来近远，敢迤逗这香闺去沁园，话到其间腼腆。他捏这眼，奈烦也天，咱歆这口待酬言
尹令	咱不是前生爱眷，又素乏平生半面，则道来生出现，乍便今生梦见，生就个书生，哈哈生生抱咱去眠
品令	他倚太湖石，立着咱玉婵娟，待把俺玉山推倒，便日暖玉生烟，捱过雕阑，转过秋千，背着裙花展，敢席着地，怕天瞧见。好一会分明，美满幽香不可言

曲牌	唱词
豆叶黄	他兴心儿紧咽咽呜着咱香肩，俺可也慢掂掂做意儿周旋，俺可也慢掂掂做意儿周旋，等闲间把一个照人儿昏善，这般形现，那般软绵。忑一片撒花心的红影儿吊将来半天，忑一片撒花心的红影儿吊将来半天，敢是咱梦魂儿厮缠
玉交枝	似这等荒凉地面，没多半亭台靠边，敢是咱睁色眼寻难见，明放着白日青天，猛教人抓不到魂梦前，霎时间有如活现，打方旋再得俄延，是这答儿压黄金钏匾
江儿水	偶然间心似缱，在梅树边。似这等花花草草由人恋，生生死死随人愿，便酸酸楚楚无人怨。待打并香魂一片，阴雨梅天，守的个梅根相见
川拨棹	你游花院，怎靠着梅树偃，一时间望眼连天，一时间望眼连天，忽忽地伤心自怜，知怎生情怅然，知怎生泪暗悬
前腔	为我慢归休，款留连，听、听这不如归春幕天，春香啊！难道我再到这亭园，难道我再到这亭园，则挣的个长眠和短眠，知怎生情怅然，知怎生泪暗悬
尾声	软咍咍刚扶到画栏偏，报堂上夫人稳便，少不得楼上花枝也则是照独眠

二、经典剧目的叙事性表达

（一）《牡丹亭》

《牡丹亭》为明代汤显祖作品，几百年来，以其为爱而死，又能为爱而生的爱情故事扣动着观众的心弦。南安太守杜宝，一心要把爱女杜丽娘培养成大家闺秀，聘请府学生员陈最良为师，命丫鬟春香伴读，以《诗经》向丽娘灌输"后妃之德"。与父母愿望相反，丽娘一心向往自然。面对大好的春光，丽娘深感闺中寂寞，遂与春香同去花园游玩。面对百花盛开、姹紫嫣红、云霞雨丝、烟波画船的园景，更引起丽娘无限感慨，丽娘思春入梦，在梦中与秀才柳梦梅相会在牡丹亭前。然而好梦不长，虽然梦境中生灵活现，现实中却寻梦不见，遂心头萦绕，隐情无处诉，痴心难轻抛，抑郁成疾。丽娘在病中自描春容，题诗其上，竟饮恨与世长辞。金兵南侵，杜宝奉调镇守淮阳。行前，按丽娘遗言将其葬于后花园梅树之下，并建梅花观。秀才柳梦梅因访梦来到南安，寄居梅花观中。一日去花园闲游，恰得丽娘春容画卷，并与魂灵相会，方知丽娘遭遇。丽娘精诚不散，魂游花园，再遇花仙，众神为其痴情所动，助丽娘还魂与柳梦梅结为永好（图2-37）。

图 2-37 《牡丹亭》剧照

（二）《西厢记》

《西厢记》实为元代杂剧，王实甫撰，共五本。故事源于唐代元稹的传奇小说《莺莺传》。王实甫的杂剧本在此基础上编成。《西厢记》的主要故事情节为：书生张君瑞上朝赶考路经河中府，在普救寺巧遇前相国之女崔莺莺，二人一见钟情。张生寄居寺内西厢，与莺莺一墙之隔，互相和诗，彼此有情，却无法相见。后来，叛将孙飞虎兵围普救寺，要抢莺莺为妻。崔母惶急之下向寺内僧俗宣布：能退贼兵者，愿以女妻之。张生挺身而出，写信给友人白马将军杜确，杜确领兵前来解围，救了崔氏一家。事后崔母悔婚，令张生与莺莺兄妹相称。莺莺侍女红娘仗义相助，先教张生隔墙弹琴，打动莺莺，又为他们传递情诗。莺莺约张生后花园相会，见面后又突然变卦，并有斥责之言。张生病倒书斋，莺莺这才决定以身相许，终于在书斋幽会成亲。崔母发现后，拷问红娘，红娘据理力争，并谴责崔母有过错。崔母无奈，允许二人婚配，但要张生立即赴考。长亭送别，二人恋恋不舍。张生考中状元后荣归河中，终于获得美满婚姻（图 2-38）。

图 2-38 《西厢记》剧照

（三）《琵琶记》

《琵琶记》为元代南戏剧本，高明撰，该剧长期为江浙一带各戏班的看家戏。汉代陈留郡书生蔡邕，字伯喈，娶妻赵五娘才两个月，却因大比之年，迫于父命上京赴考，求取功名。伯喈一举高中魁元，并授以议郎之职，牛丞相奉旨招赘了伯喈，伯喈以奉养双亲为由，上表辞官不成，辞婚更是不成。此时陈留连年饥荒，五娘靠典卖来奉养公婆，自己吃糠度日。蔡婆本以为五娘暗藏美食，待发现媳妇吃糠后，疚愧气塞而死，蔡公也重病奄奄，不久去世。五娘无钱埋葬，只得剪发售卖，幸得邻居张大公周济，得以埋敛公婆。赵五娘埋葬公婆后描下二老容貌，背上琵琶，一路卖唱进京寻夫。其时伯喈招赘牛府后，曾捎信回家，不料送信人拐钱逃逸；伯喈终日思念双亲和五娘，牛氏得知真情后，代向父亲要求回归故里，侍奉双亲，但牛丞相仅同意派人返乡接取二老。赵五娘入京后探得消息，以帮佣为由进入牛府，牛氏询问以后得知真情，便以五娘所描二老真容以及五娘在画后的题诗，引起伯喈注意。伯喈得知父母双亡，悲痛至极，即要辞官归里，以赎不孝之罪；在牛氏的请求下，牛丞相终于同意蔡伯喈带五娘、牛氏回家守孝，同时保奏朝廷，请行旌表。最后皇帝恩准嘉奖，蔡氏合门受封，荣耀乡里（图2-39）。

图2-39 《琵琶记》剧照

（四）《荆钗记》

《荆钗记》为南戏剧本，据近人考证，本剧系出才人之手，各本所署柯丹邱、李景云、温泉子均非原著者。贫士王十朋以荆钗为聘，与温州贡元钱流行之女玉莲婚配，十朋考中状元后，万俟丞相欲招为婿，十朋拒绝，万俟怒而将他改授边远的潮阳。十朋的学友孙汝权谋娶玉莲，设法灌醉送信的承局，窜改十朋家书为招赘丞相府，让妻子改嫁孙郎妇。钱母逼女改嫁，玉莲投江自尽，却为福建钱安抚搭救，认作义女。王母抵京，十朋方知家书被改，妻子已死。五年后，十朋任吉安太守在道观追荐亡妻，与玉莲相逢（图2-40）。

图2-40 《荆钗记》剧照

（五）《白兔记》

《白兔记》又称《刘知远白兔记》，元代南戏剧本，作者不详。现存多种版本，永顺堂刻本《新编刘知远还乡白兔记》为最早。徐州沙陀村在冬令祭神赛社时，社主李文奎在马鸣王庙上供的福鸡失窃，是藏身供桌下的贫汉刘知远偷食。李文奎见刘知远相貌堂堂，便雇他放牧，又见他气概有异，定能发迹，便将女儿三娘许配与他。李文奎去世后，三娘的兄嫂欺凌知远夫妇，让知远看守六十二亩瓜园。刘知远不堪兄嫂欺侮，绝定去投军，临行时向三娘表示：不发迹，不做官，不对哥嫂报仇，绝不回家。知远走后，兄嫂百般欺侮三娘，迫使她在低矮的磨房内分娩，自己咬断脐带，为儿子取名咬脐郎。兄嫂又要溺死幼儿，老家人窦公将咬脐郎送到并州刘知远处。刘知远屡立战功，被长官岳勋招赘东床，岳小姐抚养咬脐郎。十六年后，咬脐郎率众行猎，他箭中白兔，兔儿带箭逃走，直追到沙陀村一口井旁，兔儿钻入一位凄苦妇人裙下就不见了，待问明汲水妇人，觉得此妇人身世与己有关，便回家禀告父亲，刘知远告之此妇人乃是他的生母。这位已升任九州安抚使的刘知远又去和三娘相会，互诉十六年的苦情，并要惩治兄嫂，但在三娘求情下，宽恕了大哥，处死了大嫂（图2-41）。

图2-41 《白兔记》剧照

（六）《拜月亭》

《拜月亭》全名为《王瑞兰闺怨拜月亭》，由元施惠撰写。金末蒙古军队南侵，金兵部尚书王镇奉旨往边地议和，蒙古军直逼大都，金主逃亡汴梁，王镇之女瑞兰与母于兵乱南逃中失散，秀才蒋世隆则与其妹瑞莲失散，在相互寻觅之间，王瑞兰与蒋世隆巧遇，二人假作夫妻结伴而行。王镇妻途中偶遇世隆之妹瑞莲，认为母女。蒋世隆与王瑞兰葫途经广阳镇，投宿旅店，经店主夫妇撮合而正式成亲，婚后蒋世隆患病，淹留旅邸。王镇奉旨议和成功，回朝复命，途中亦投宿此店，父女相会，正惊喜间，得知瑞兰私嫁蒋世隆，大怒，逼女随其归家。归途中又与其妻及蒋世隆之妹瑞莲相遇，遂同赴汴梁。后蒋世隆状元及第，奉旨与王镇之女结亲，夫妻兄妹团圆（图 2-42）。

图 2-42 《拜月庭》剧照

（七）《单刀会》

《单刀会》为杂剧剧本，关汉卿所作，四折，全名《关大王独赴单刀会》，为民间流传表现关羽英武的故事。三国时期，东吴鲁肃为了向刘备索还荆州，拟以宴请关羽为名，欲于席间埋伏逼索荆州。关羽明知是计，却慨然应允，仅由周仓随行，携带青龙偃月刀过江赴会。席间关公演述当年血战之勇、拥刘备之忠义，正义凛然、威严立生。而当鲁肃出言索取荆州时，关公大怒，痛斥鲁肃，说荆州本刘家产业，埋伏的刀斧手皆为关公所震慑，无人敢动。关公大步踏向江边，为关平接应而去（图 2-43）。

（八）《孽海记》

《孽海记》为创造于明朝后期的一出剧本，包含《思凡》《下山》两折，描绘的是小尼姑

图 2-43 《单刀会》剧照

色空、小和尚本无逃离佛门追寻爱情的故事。全出对白幽默、表演夸张、身段生动、音乐明快，是一出非常受观众喜爱的小丑与贴旦对手戏。小丑的绕念珠、颠步进退、背背驮、摔靴子等都是高难度的功夫，其中有些动作像蛤蟆，属于小丑五毒戏之一。赵氏女自孩童之时，为父母舍入尼庵，削去八千烦恼丝，做仙桃（先逃）庵弟子，及至情窦初开，始悔空门之中，不足以结善缘，并不足以证善果。于是晨钟暮鼓，转辗愁思，面对半明半灭之孤灯，九转回肠，思忖唯有觅一如意郎君，度少年大好光阴，方能结我善缘，证我善果，举我善愿。正值庵中一切优婆均有事他往，遂逃下山去；碧桃（必逃）寺的小和尚本无，从小被爱念经供佛的父母送入空门，但是他向往世俗的居家生活，一日趁庙中无人，私逃下山。在路上巧遇适由仙桃（先逃）庵中逃出的小尼姑色空，两人互生爱慕之心，决定结为夫妻，同偕到老（图2-44）。

图2-44 《孽海记》剧照

（九）《玉簪记》

《玉簪记》为明代戏剧作家、藏书家高濂所作，被誉为传统的十大喜剧之一。主要脱胎于元代大戏剧家关汉卿的《萱草堂玉簪记》，并在明无名氏杂剧《张于湖误宿女贞观》和《燕居笔记》中的《张于湖宿女贞观》的基础上改编而成。南宋初年，开封府丞陈家闺秀陈娇莲为避靖康之乱，随母逃难流落入金陵城外女贞观，皈依法门为尼，法名妙常。青年书生潘必正因其姑母法成是女贞观主，应试落第，不愿回乡，也寄寓观内，得遇道姑陈妙常，惊其艳丽，深为爱慕。一夕，闻琴韵清幽，循声而往，乃见是妙常所弹，潘必正遂借琴曲以挑之，妙常亦有意，但碍于戒律，故作嗔拒，此为《玉簪记》最为著名的琴挑一出。经过茶叙、琴挑、偷诗等一番互通，两人情愫暗生，心心相印，最终陈妙常冲破礼教和佛法的束缚，与潘必正结为连理（图2-45）。

图2-45 《玉簪记》剧照

（十）《胖姑》

　　《胖姑》或作《胖姑学舌》，出自元人杨讷杂剧《西游记》第二本。长安城里送国师玄奘往西天取经，住在城外蹶外跟庄上的胖姑儿、庄旺儿去看社火后，为庄稼汉老张敷演的故事。这出戏的重点在于，从孩子胖姑口中讲述社火的内容，边说边表演各种人物的动作，生动活泼，清新风趣（图2-46）。

图2-46 《胖姑》剧照

（十一）《借扇》

《借扇》出自杨讷《西游记》第十九出。孙悟空保玄奘法师往西天取经，路过火焰山，只见火焰冲天，有八百余里，只有翠云峰芭蕉洞铁扇公主之芭蕉扇才能扇灭此火，孙悟空于是到翠云峰向铁扇公主以礼借扇，结果遭到无理拒绝后双方打将起来。在铁扇公主的太阿剑敌不过孙悟空的金箍棒后，铁扇公主用芭蕉扇行法，将孙悟空扇得飘飘荡荡，无影无踪。最终孙悟空用如来佛之定风珠，镇住风火扇，借扇而回（图2-47）。

图2-47 《借扇》剧照

以上对昆曲艺术视觉元素进行了梳理，以期更好地为后续的设计服务。除此之外，还有一些与昆曲艺术相关的视觉元素，当这些元素与昆曲艺术视觉元素组合应用于设计中时，无疑能够提升设计的表现力与文化意蕴，这些元素包括江南古典园林元素，中国文字、篆刻、印章元素，以及其他一些具有江南典型特色的元素。其中，江南古典园林元素，如花窗、庭院、山石、铺地等，与昆曲艺术同脉同宗，具有委婉、细腻、典雅的风格，与昆曲艺术元素相结合，就如鱼同水的结合一样浑然天成，在设计中体现如梦如幻的江南风情。中国书法、篆刻、印章元素，讲究写意、讲究气韵天成，不论形式还是内涵都极具中华民族的文化意蕴，与昆曲表演艺术的写意性、文化特质一脉相承。其他江南特色元素，如丝绸织锦、刺绣缂丝、盆景、年画、苏扇、苏灯、工艺雕刻、乐器、刻书，乃至苏派建筑、苏式（即明式）家具、苏帮美食、苏意服饰、江南丝竹等，都具有巧、细、别具匠心的江南风格，将其与昆曲视觉元素相结合，必将增加产品设计的江南特色。

第三章

昆曲艺术视觉元素在
现代设计中的符号化应用

欣赏昆曲时，进入人们视线并被感知到的视觉形象都是具象的服饰、砌末、人物造型等。由于它们被人们的视觉所感知，它们的具体形象就会被很具体地写入人们的脑海中，当需要的时候，就会被提取出来供参考、阅读，并且也可以作为一种图形的表现形式被再次应用，这就是昆曲艺术的视觉元素。可以说，昆曲艺术视觉元素本身就是一种符号，它浸润着昆曲独有的人文气息与内涵，但作为图形符号，这些具象的事物可能由于细节太多而显得烦琐，不利于传播，不具有现代艺术的审美特点，有悖于图形符号的基本规则。因此，设计师要通过个人的主观处理，将原本真实的、具体的、细节繁复的昆曲艺术视觉元素加工提炼成概括的、单纯的、生动的且易于传播的图形符号，即昆曲艺术视觉符号。可以采用一系列的处理手法，使图形经过一定的概括和演绎，从中提炼出具象事物的精髓，并将一些不能代表原事物特征的部分去掉，最终形成一个能给受众留下深刻印象的图形符号，即将视觉元素符号化，而该符号最终物化到产品或空间。

第一节　昆曲艺术视觉元素的符号化

一、符号化解析

在西方，早在古罗马时期便有对符号一词的解释，在英语中符号用 Sign 和 Symbol 表示，分别解释为语言文学中的普通符号和有象征意义的符号。在汉语里，符号又称记号、指号、符码、代码。从符号的研究发展上来说，在 20 世纪初，瑞士语言学家索绪尔（Saussure）首先提出了符号学的概念。

符号学（Semiotics）是一门研究符号系统及其内在规律的新兴学科，对它的研究最早发生在语言学领域，后来在逻辑学、哲学、艺术学、社会学、文化学等学科中得到不断发展，主要代表理论有瑞士索绪尔理论系统、美国皮尔斯理论系统、法国格雷马斯理论系统和意大利艾柯一般符号学理论。本文的视觉符号研究以索绪尔的结构主义符号理论为基础。索绪尔将符号分为能指和所指两部分（图 3-1），能指（Signifier）是符号的表达面，所指（Signified）是符号的意义面。在索绪尔看来，符号是能指和所指的二

图 3-1　符号的能指与所指

元关系。他这里所说的能指，就是符号的形式、表象，即符号的形体；所指亦即符号的概念、内容，也就是符号能指所传达的思想感情，或者说是一种意义。比如"龙"是一种符号，龙奇特的动物形象即是符的能指，而它作为中华民族的象征则是符号的所指，但恐龙就不是符号，因它不代表或象征什么。符号学家萨穆瓦（Larry A.samovar）指出：视觉符号和语言如出一辙，不同地域、文化、生活经验和当前心境的差异，不可避免地使人们对于相同的符号作出完全不同的解释。而艾柯（Eco）也认为符号的所指意义与文化习惯相关。综上所述，符号其实是以其千形百态的能指，承载着不同民族的文化积淀，反映民族文化心理，展示民族历史渊源及文化内涵的工具。不同时代的人们之所以不厌其烦地描摹一个图形符号，不仅仅是因为它具有审美

意义的外形，更是在这些图形符号的背后，往往蕴藏着深层的象征寓意，而这也正是符号学之于现代艺术设计理论与实践的核心意义所在。

二、昆曲艺术视觉元素符号化的重要性和意义

昆曲艺术视觉元素的符号化，是从符号学的角度对昆曲艺术视觉元素从元素到符号的变化过程、演绎方法等进行探讨，探讨究竟要选取哪些视觉元素，这些元素是否代表昆曲艺术，探讨通过什么样的手段能够将昆曲艺术视觉元素演绎成能够被现代艺术设计，特别是家纺产品设计所使用的图形符号。同时，由于其背后的文化所指与内涵，又在形式审美之上具有更为深刻的意义审美。

在这里，要特别提出对设计师能力的要求。在视觉元素的符号化过程中，一个图形符号的成功与否取决于设计师对于具体事物特征的把握是否到位，对具体事物细节的取舍程度是否合理。从这一点上说，一定要求设计师要具有较强的造型概括能力和色彩分析能力，这些是从设计师本身的个人能力上去培养的。能够做到精确地把握图形符号的内容，是现代艺术设计一直追求的目标，对于设计师而言，是需要通过一定的时间和精力在特定环境中训练而掌握的。

昆曲艺术视觉符号作为昆曲艺术的文化载体，承载着昆曲艺术、江南戏曲艺术乃至江南文化、中国传统文人文化的文脉和内涵。对昆曲艺术视觉元素进行符号化演绎，将其应用于现代艺术设计之中，一方面可以使设计具有昆曲艺术的形式美感与韵味，提升设计的文化价值，另一方面也可以实现对昆曲艺术文化的传承和发扬。在进行昆曲艺术视觉元素的符号化过程中，表面上看是对形式的把握，但其背后更重要的却是对内涵、意蕴的领悟与表现。

三、符号提取原则

艺术元素的符号化需遵循一些基本原则如下。

（一）代表性原则

昆曲艺术视觉符号要能够代表昆曲艺术的特色，反映昆曲艺术的意蕴，

它是从众多的显性及隐性元素中提炼出来的，只有选择了具有代表性的符号，才能既突出昆曲艺术的自身特色，又形成良好的传播效应。

昆曲的主要剧目在于生、旦戏，有十戏九言情之说，其中最著名的就是汤显祖的至情戏《牡丹亭》。言情永远是昆曲的主题，也是最能表现其婉转、细腻、清雅风格的剧目。在设计符号提取时，为了能够最好地表达昆曲艺术的意蕴，可以把目光放在生、旦角色符号上，包括其妆面、服饰、砌末、人物动态形象。昆曲的伴奏采用曲笛，与其他剧种（京剧皮黄）有很大不同，也正是由于曲笛的伴奏特色，才形成昆曲一唱三叹、婉转、清丽的风格，所以昆曲的乐器元素，是最能表达其特色的元素之一，是视觉符号提取的重要内容。不得不说的是，昆曲的工尺谱是中华民族独有的，既能代表昆曲，又能代表深远悠久的中华文化，同时又兼具中国书法简洁、符号化的现代造型美感，是设计师应该关注的符号。

（二）明显性原则

昆曲艺术视觉符号提取并应用于现代设计的目的，是为了将昆曲艺术的文化意蕴赋予产品或作品，使其既具有与昆曲相关的形式美感与韵味，又具有一定的文化价值。昆曲艺术传播的受众是消费者，因此，要容易被消费者感知与理解。如果提取出来的符号令人费解，那么这个符号也就失去了存在价值，更不必谈传播和发散了。

（三）认同性原则

昆曲艺术具有六百年的悠长历史，在其产生、发展、衰落、复苏的过程中，经历了社会、文化、时代变迁，在发展中流传下来的，是昆曲艺术的精华所在，也就是说，昆曲艺术文化随着时代的发展保留其精华而摒弃糟粕。对于昆曲艺术视觉符号的提取而言，自然是要根据需要和社会背景，提取其优秀的、具有传承意义的、能够被现代思潮认同的部分，只有如此，才能更好地继承和发扬其艺术特色，将它所传达的文化价值赋予设计。

（四）适应性原则

昆曲发源于中国的水乡苏州，一直是南戏的代表，其表演的形式表现出浓厚的江南文化特征，其中的雅韵，与中国的江南园林、水墨丹青异曲同工，都曾经是中国士大夫生活不可或缺的一部分，是文人文化发展到一定阶段的自然结果。昆曲艺术视觉符号，作为文化符号是中国江南文化、文人文化的表述形式，这种形式具有约定俗成的清、淡、精、雅、真等特征，是在符号提取时应该遵守的原则。

四、符号化方法

昆曲艺术视觉元素的符号化，最基本的方法就是需要对视觉元素中的符号进行提取和演绎，需要对具体事物的视觉图形进行解构、提炼与重构。

（一）符号化基本方法

1. 解构

解构是将选择的物象有意识地分割和打散，提炼和强调具有原有物象特征的视觉元素，分解后的视觉元素在设计过程中既可以独立使用，也可以和其他相关联的元素进行同构。图形的解构是一个分解与发掘的过程，往往以具象物体为解构对象，通过对其进行分解，形成许多更小的元素。其中，造型特征不明显或者个性化不突出的部分就会被剔除，而保留下的图形元素通常都是语义明确、个性特征强烈、能够呈现原有事物特点、能够为设计所用的部分。设计的过程就是从这些元素中选择具有典型特征的部分进行描述。

2. 提炼

提炼是一种追求细化、去粗取精的过程。在昆曲艺术视觉元素的现代设计应用中，设计师在解构了昆曲艺术视觉元素后，再对其精神文化元素和物质文化元素成分进行细化分析和去粗取精。提炼过程是以其设计内涵能否形成链接，能否被消费者所理解、所认知为前提的。元素提取的方法多种多样，常见方法包括写实法、化简法、联想法三种。写实法就是对真实事物的再现，是在忠实再现原物的基础上，结合具体技法特点而进行的艺术处理。化简法就是对客观事物运用"减法"进行主观处理，并抓住其主要特征提炼出具有代表性特点的元素整理过程。联想法是从一个原始事物联想到多种造型，要求设计者抓住事物的主要特点，打开思路对并对其进行扩展（图3-2）。

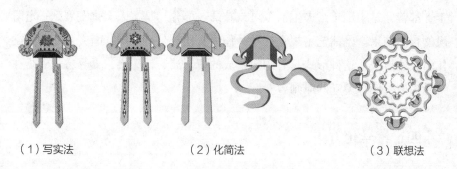

（1）写实法　　　　　　　（2）化简法　　　　　　　（3）联想法

图 3-2　图形提炼

3.重构

重构是对一系列相关联的元素进行整合、同构与升华。其中，升华是重构的重点，其关键在于把素材重构成新形象的同时，还要能够体现出一定的理念和精神，能够用图形的时代气息来引领多重含义。重构要求设计者要善于寻找、开发素材之间的内在联系，从复杂具体的事物中分解出能够体现设计理念、精神的单元，并以此为线索，创造性地将孤立的形象整合在一起，形成蕴含丰富意义的、具有独立个性的创意图形。或许生活中这样的图形是不合理的，但是在视觉上，这样的图形不仅合理、具有独立审美特征，而且富有文化内涵（图3-3、图3-4）。

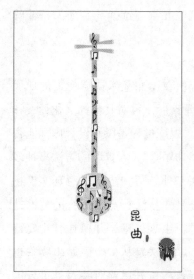

图 3-3　乐器与乐谱元素的图形重构　　　　图 3-4　昆曲艺术人物造型与剪纸艺术表现方式的重构

昆曲艺术视觉符号的解构、提炼和重构，主要是从视觉角度对昆曲艺术视觉元素的重新诠释，将妆面、服饰、砌末、乐器、人物动态、经典曲目等典型元素通过引用、移植和嫁接、戏仿、抽象等具体方法，打散、提取和创新，组成新的形式与规则，达到传统昆曲艺术视觉符号适应时代审美发展的目的。

（二）符号化的具体方法

1. 引用

引用是通过将现有事物、图形、观点引入自己的设计中以表达自己的思想感情，说明自己对新问题、新观点的看法的一种方法。它主要分原征型引用、残缺型引用两种形式。其中，原征型引用是将原有形式的全部元素直接引用到新的设计中，如图 3-5 所示，将昆曲人物造型元素通过原征型引用，直接应用于靠垫产品，使符号具有非常明确的中国传统雅乐、传统艺术文化的指代特征，进而使产品传达出较为浓厚的民族风格。当然，如果这样的引用过多，则会导致现代感不足、不符合当代审美、造型生硬等视觉感受，极易被现代设计所淘汰。

图 3-5　原征型引用应用于靠垫设计

残缺型引用是指并不全部使用原图形的全部元素，而是剔除其中不必要的形态信息，增强所要表达的那部分元素并进行再设计，从而形成昆曲艺术视觉符号。残缺型引用的符号化设计因经过了提炼、简化、修饰、重新组合等步骤，较原征型引用的设计图案更增添了层次感、现代感，更加能够符合现代人的审美需求。图 3-6（彩图 5）所示的靠垫，就是将昆曲人物造型元素进行简化与修饰后用于家纺设计。残缺型引用对于昆曲视觉元素背后所蕴含的情节故事、文化含

图 3-6　残缺型引用应用于靠垫设计

义的表达尚具有一定的再设计空间。

2. 移植与嫁接

移植与嫁接是对昆曲艺术文化元素进行现代化移植、嫁接，使之成为一种更易为现代人接受的新艺术形象。图 3-7 所示抱枕上的 Q 版昆曲人物形象，既有现代流行的 Q 版人物的可爱萌动，又有昆曲旦角妆面的典型特征。最可贵的是，虽为萌萌的 Q 版形象，但仍然能表现出昆曲闺门旦形象的精华——顾盼流离的美目、婷婷袅袅的美态，仍能将人带入"不到园林，怎知春色如许"的如梦佳境。

图 3-7　昆曲 Q 版人物的靠垫设计

3. 戏仿

戏仿重构源自于由法国哲学家德里达主张并创立的解构主义，主要方法为戏仿、拼贴和黑色幽默。戏仿，又称谐仿，是指在设计中借用其他作品，达到调侃、嘲讽、游戏等目的。图 3-8 所示的为腾讯公司传播活动而设计的情侣水杯，其图案设计借用美轮美奂的昆曲生旦角色与大众耳熟能详的腾讯主题形象，滑稽可爱的 QQ 结合在一起，既暗示了水杯的情侣款定位，也隐喻着昆曲生旦形象之后或许发生的爱情故事，将两种风格极为不同的事物拼贴在一起，形成幽默、诙谐的效果。正如意大利设计师 Alberto Alessi 所说："真正的设计是要打动人的，它能传递情感、勾起回忆、给人惊喜。"

4. 抽象重构

抽象重构是指从众多事物中抽取出共性特征，舍弃其非本质的特征的方法。现代社会，成功的视觉传达设计总是与清晰、简单、明快、有意味的形状相联系着。为使受众第一时间抓住信息，设计师们越来

图 3-8　戏仿的 QQ 形象应用与产品设计

越关注图形的简洁性、地域性、差异性特征。昆曲艺术视觉元素中包含非常多的传统图形符号，这些传统图形虽带有浓厚的民族特征，但由于其过于繁复的传统形式特征，很难与现代设计思想相融合。为适应现在社会的视觉快速读取信息的需求，需要对昆曲艺术视觉元素中的传统图形符号进行转换，以适合当代设计的抽象理念。但需注意的是，这种方法可失传统之形，而不可失传统之韵，重在将视觉符号与现代功能、技术相结合，使昆曲艺术文化得到延续与发展。

图 3-9 所示的昆曲便签夹的设计，因为是以年轻人为主要受众群体，所以将昆曲的人物角色进行抽象化、卡通化处理，通过流畅的造型线条，形成剪影般的

图 3-9　对昆曲艺术角色造型的抽象重构

生、旦、净、丑等角色的外部轮廓特征。系列化的演绎小巧时尚又精美实用，在强烈的现代设计外表下，隐含着浓郁的传统文化蕴意，很好地拓展了设计的诉求面，使昆曲艺术视觉符号的语意在现代审美的需求下活跃起来。

第二节　昆曲艺术视觉符号的现代设计应用

将昆曲艺术视觉符号应用于现代艺术设计，在很大程度上提升了作品、产品的艺术性。这里的"艺术性"是一种综合性的概念，它不仅包括造型、色彩、纹样以及与视觉效果相关的结构处理，还包括使用者的触觉、听觉、心理感受等综合感觉效果。这里的设计不是把视觉符号简单地拼凑在一起，而是需要通过设计使传统昆曲艺术与现代设计完美结合。

一、昆曲艺术视觉符号设计应用的方法

（一）"形"的提炼

"形"是昆曲艺术视觉符号的外在结构与物象。设计师要善于对昆曲的"形"进行凝练，即将昆曲艺术视觉元素作为现代设计的核心要素，通过截

取、抽象、融合、变异等方法，将其重新排列组合成具有新寓意的现代符号。

图 3-10 所示为 2016 年纪梵希时装发布会中的美妆设计，就是创造性地把中国传统昆曲妆面——额妆的"形"运用在现代装扮艺术之中。昆曲中的额妆俗称铜钱头，最初用于修饰男旦棱角分明的脸型，使其装扮成柔美的鹅蛋脸，后逐渐演变为昆曲旦角极具特点的固定头妆。美妆设计将铜钱头的"形"提炼成规则的弯曲单元，以一定的秩序排列分布，并配以斑斓、绚丽的色彩，与古典优雅中带有妖娆朋克风的纪梵希情调相契合，形成一种勾魂而时尚的强烈视觉效果。

将昆曲艺术视觉元素之形应用现代艺术设计，应尽可能挖掘二者之间文化内涵的一致性，以一致性为基础，在现代审美观的指导下，对昆曲艺术视觉元素的形式进行提取与精炼，进行创意革新，使设计作品既蕴含充分的现代设计理念与时代个性，又具有一定的文化底蕴。而且，也使传统的昆曲艺术依托现代设计焕发出崭新的生命力。

图 3-11 所示是国际彩妆权威品牌 M.A.C 的彩妆招贴与系列产品，为华裔设计师张文轩与品牌携手发布的限量收藏系列——昆曲狂想曲 KUNQU MADNESS，产品包含眼影、唇膏、眼线、幻彩霜、腮红和蜜粉饼等，整体色调以明亮的艳粉色为主，并在招贴上将现代撞色、拼贴艺术手段与古老、典雅的昆曲旦角妆面、服饰元素完美融合，形成强烈的视觉冲击力。产品包装浓墨重彩，就像昆曲舞台上表演者美丽的戏衣与浓艳的化妆，晕染出使人

图 3-10　纪梵希时装发布的 T
　　　　台化妆设计

图 3-11　M.A.C 品牌的彩妆招贴与产品

无法抵挡的欢愉、怪诞、俏皮的后现代主义气息。

随着社会经济、文化和科技的发展，人们的视觉经验和视觉感受越来越丰富，单一的表现形式已经很难满足日益提升的视觉和情感需求，多媒介、多途径、多手段表现结合成为设计表达的必然趋势。将优秀的昆曲艺术视觉元素在现代设计中进行"形"的提炼，使时代语境下的昆曲艺术文化更融洽地运用到现代艺术设计中，能够有效促进传统昆曲艺术的传承与发展，同时使现代艺术设计彰显更深厚的底蕴和迷人的风采。

（二）"意"的延伸

昆曲艺术包含诸多视觉元素，这些元素以符号的形式出现，表现出高度的认知性，传达出创作者精巧的构思、丰富的情感和美好的愿望，蕴含着丰富的文化内涵和象征寓意。如昆曲服饰色彩符号，丰富且遵循严格的色彩程式，不仅具有强烈的舞台装饰效果，而且通过色彩来明确表达角色的个性特征。赵匡胤的深绿色蟒袍、红色彩裤，代表其品格忠义和气质神勇；张文远的青色满地花褶子，则表现其奸猾、浮夸、好色的性格特征。又如昆曲服饰图案符号多用中国传统吉祥图案，这种图案，源于人们对自然和宗教的崇拜，也源于对美好生活的期望，在历史长河的洗礼下，这些图形的寓意更多地承载着人们对美好生活的向往。现代设计可以利用大众对美好、吉祥寓意的追求，将长久存在于人们意识与生活中的昆曲服饰图案符号进行改造、深化，以新的姿态和不变的美好寓意延伸到人们的现代生活当中。这种"意"的延伸的应用，不仅能够为设计增添新的方向，还能够传扬中国传统文化，引发更深层次的理念思考。

图3-12（彩图6）所示是Q版人物的插画设计，设计师将角色、形象、剧情与现代Q版文化较好地结合起来。《牡丹亭》是中国戏曲史

图3-12　Q版人物的插画设计

上浪漫主义的代表作，也是昆曲最经典的传统剧目之一，其表演极具昆曲清丽、婉转、雅致的韵味，已成为昆曲表演中的珍品。在设计中，设计师选取《牡丹亭》剧目主要人物进行梳理，将杜丽娘的温婉、痴情、对自由爱情的向往和追求，柳梦梅的为挚爱不畏强暴、反抗封建专制的决心通过妆面、服饰、动态的设计表现出来。如杜丽娘的设计，以明亮色调象征着美好、年轻和无限希望，衬托主人公的青春靓丽，服饰色彩选择淡雅的白、粉色调，表现她是还未出阁的娴静少女；用牡丹花作为纹样，既契合牡丹富贵、优雅的寓意，又暗合著名的剧目名称；妆面表现去除繁复的头饰，只选用中国戏曲的代表元素——额妆，以及为名门望族所使用的点翠头面的简化表现。设计师就是希望用年轻人最容易接受的审美风格和方式来吸引他们，使其在潜移默化中了解、关注并喜爱昆曲艺术。

昆曲是一种文化情结，传统的昆曲艺术视觉元素已经慢慢渗透到民族设计之中。昆曲艺术视觉符号在现代设计中的应用，并不只是简单地提取昆曲艺术元素之形来应用，而且是挖掘昆曲艺术文化的精髓，并顺应时代审美的潮流，提高传统昆曲艺术在大众文化中的影响力，这才是昆曲艺术视觉符号在现代设计中运用的关键所在。

（三）"神韵"的传承

与中国传统的绘画、书法、园林艺术一样，昆曲艺术极其推崇意境与意象的描摹，其表演将唱腔、身段、服装造型等巧妙地融合在一起，形成具有意境的艺术世界，这个世界呈现出"清、淡、精、雅、真、意"的审美特征，塑造出江南水乡所特有的空灵、简远、虚静的韵致。在现代设计中，比起"形"来，设计作品与昆曲艺术在神韵上的相似与一脉相承更难能可贵。图3-13所示动画短片《双下山》的设计，即是对昆曲神韵传承的一部优秀作品。短片将戏曲中独有的唱、念、做、打等表演形式与中国水墨技法的表现形式相融合，将来源于生活并高于生活的舞蹈化动作语言与中国水墨画的洒脱与随意相融合，最具特色的是利用中国水墨勾勒的诙谐来进行人物造型与性格塑造。作品的画面简洁流畅，音画相得益彰，如诗如画般令人回味无穷。正是昆曲与水墨的交融，才成就了这部极具中国戏曲文化意蕴的优秀作品，在现代设计中营造了传统艺术的美学意境。

把握昆曲艺术视觉符号的神韵精髓，将之化为艺术设计的核心理念，进

图 3-13　动画短片《双下山》

行现代化设计与传承，需要设计师不断去探索与突破。

二、昆曲艺术视觉符号的现代设计应用要契合设计对象的特征

在设计实践中，昆曲艺术视觉符号的设计应用首先要进行设计对象分析，也就是说，针对不同的设计门类、设计对象，昆曲艺术视觉元素的符号化应用会有所不同，如针对工业设计领域，符号化更强调形式与功能的一致性，强调形式不能脱离功能而存在，从功能与形式的统一中体现设计的人文底蕴与关怀。图 3-14 所示为"收放的昆曲"的随身组合音响设计，从产品使用性出发，将音箱与耳机组合收纳，解决了当前产品耳机、音箱存放凌乱的问题，并将昆曲中生、旦角色的妆面元素符号化，以此设计耳机的耳塞造型。这个形态首先符合人体工程学，能够与人耳结构合理吻合，同时又与现代化生产方式相适应，并且简洁有趣的形象符合现代主义的审

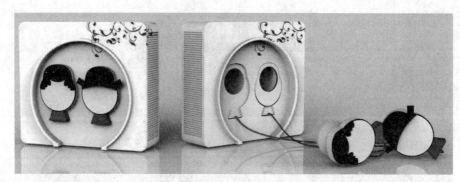

图 3-14 "收放的昆曲"的随身组合音响设计

美。生、旦角色符号又使人联想到昆曲，联想到音乐，进而指示产品的使用功能，该设计以一种"有意味"的能指形式折射出所指的人文内涵。如图 3-15（彩图 7）所示的靠垫，在居室空间中，它的作用除满足使用功能之外，还有非常重要的氛围营造作用，体现出主人的生活情趣和品位。因此，虽然同样是角色妆面元素的符号化，家纺产品

图 3-15 靠垫的设计

设计更加强调装饰性，强调与室内整体设计风格的和谐，强调文化、品位、内涵信息的传递，需要通过造型、色彩、图案等设计元素来凸显产品所指层面饱含的人文价值与关怀。当然，家纺产品的材料、工艺与音响产品的材料、工艺完全不同，所以它的符号化图形也必然与本身的物质实现手段相契合。

三、符号化应用存在的误区

在昆曲艺术视觉元素的符号化应用过程中，存在着某些导致设计水平难以提高的误区。比如，生硬地将某些传统视觉图形照搬到毫无关联的现代产品设计、平面设计或空间设计中，使视觉符号与设计作品无法产生语义上与观念上的联系；对传统元素过度堆砌，过多地将其加载于设计之上，致使

设计过于沉重；轻易否定某种传统的思维方式和生存观念，却宣扬元素、造型、风格这些外在物，殊不知设计的核心并非在于对昆曲艺术视觉表象的追求，而是需要找到与昆曲艺术内涵对话的切入点。

四、昆曲与京剧视觉符号的设计应用比较

昆曲艺术符号主要包含听觉与视觉符号，这两种符号情景交融，声情并茂，形成六百年昆曲极为清丽、婉转、雅致、细腻的表演风格，京剧艺术符号亦如此，最终形成京剧高亢、激越、活跃、明快的风格。从对两种戏曲的全方位欣赏与感知看，听觉、视觉符号相辅相成，缺一不可；而仅从视觉符号来看，由于京剧从产生之初就吸取了昆曲的很多视觉精华元素，如服饰、角色装扮等，所以昆曲艺术视觉符号与京剧艺术视觉符号有很大一部分是重合的。在设计过程中，这个问题解决的关键在于，在"形"的处理上，不必过分着墨两者的不同，但在整体设计意蕴、风格的把握上，要充分表达出昆曲精致、细腻、清丽、婉转、如梦如幻、如瓷器、如水、如玉的风格特点（图3-16）。

图3-16 以昆曲为灵感的金陵十二钗
Q版造型设计

昆曲艺术视觉元素的符号化是设计过程中（从客观来源转化为产品实体）最为重要的一步。在现代家纺产品设计中，如何将丰富的元素转变为设计符号，使其一方面担当昆曲艺术文化信息的载体，另一方面又作为传播媒介，具有能被受众感知的客观形式，是有待后续讨论的重点。

第四章

基于昆曲艺术视觉符号的家纺产品造型设计

家纺产品设计是一门综合性的艺术，作为艺术设计大类中的分支，具有其自身的特点。昆曲艺术视觉符号应用于现代家纺产品设计，是要将昆曲视觉元素进行引用、改造、抽象等符号化处理，使其贴合时代潮流；并将其表现在家纺产品的造型、色彩、图案、材质等设计要素中，使产品获得多方面的综合美感；并能够体现艺术与技巧相结合的魅力；同时，更要获得设计理念上的沟通，获得设计背后艺术文化精神的传承，获得与现代社会、文化、审美相融合的新时代家纺产品。

第一节　基于家纺产品设计视角的符号梳理

本书的前期研究，重在昆曲艺术视觉符号的形式审美与文化内涵，为此基于视觉表现的形式，将昆曲艺术视觉元素分为妆面、服饰、砌末、乐器、人物动态、经典曲目等，并通过符号化获得妆面、服饰、砌末、乐器、人物动态、经典曲目等符号。而下一步，重在研究昆曲艺术视觉元素与家纺产品设计的融合，研究昆曲艺术视觉元素在家纺设计中的符号化表现，这就需要综合考虑造型、色彩、图案、面料、工艺、风格等多个设计要素。为此，从家纺产品设计的视角，可以将昆曲艺术视觉元素分为图形元素（廓形和图案）、色彩元素、面料元素以及工艺装饰元素，并通过符号化获得图形符号、色彩符号、面料符号和工艺装饰符号。表4-1从家纺产品设计的视角进行了视觉符号的梳理，通过对两种分类方式的归纳简化，获得了应用于家纺产品设计的主要视觉符号。后续研究将在此基础上进行视觉符号应用于家纺产品设计的相关探讨，主要研究昆曲艺术的图形符号、色彩符号、织物符号、传统工艺装饰符号在家纺产品造型设计中的表现形式，研究昆曲艺术视觉符号与家纺设计要素——款式、图案、色彩、面料之间的融合。

表4-1　从家纺设计的视角进行视觉符号的梳理

昆曲艺术视觉符号	图形	色彩	面料	工艺装饰
妆面	妆面图形符号	妆面色彩符号	—	—
服饰	服饰图形符号	服饰色彩符号	服饰面料符号	服饰工艺装饰符号
砌末	砌末图形符号	砌末色彩符号	布景面料符号	
乐器	乐器图形符号	—	—	—
人物动态	人物动态图形符号	—	—	—
经典曲目	唱词与念白的中国文字符号，剧目情节图形符号			

第二节　图形符号的设计表现

昆曲艺术视觉符号的图形符号，主要包括妆面图形、服饰图形、服饰工艺装饰图形、砌末图形、乐器图形、工尺谱图形、人物动态图形、经典故事情节图形、唱词与念白的中国文字、篆刻与印章等。这些传统的轮廓造型与图案纹样造型，是传统观念外化的表现形式，反映了昆曲艺术深厚的文化底蕴以及崇高、良知、理性的文化品质，不仅对家纺产品起到装饰作用，还与家纺产品共同创造出象外之象、情象交融，化实像为虚像，使家纺产品富于意境美，诱发出人性意识和文化精神。在现代家纺产品设计中，设计师只有从多个角度来分析昆曲艺术图形元素的渊源与设计语言和活动，才能够更深入地理解图形元素的种种表象和内涵价值，把传统图形元素用现代的审美意识加以符号化应用，使之与现代的生活环境相适应，从而设计出更多的优良作品来满足大众不断增长的物质文化需求。

昆曲艺术的图形符号不仅包括有装饰意味的传统纹样或图案符号，还包括组成昆曲艺术视觉元素的外部廓形符号和各部位色彩的比例构成符号。这些符号在家纺产品设计中或以产品的装饰图形来表现，或以产品的外部整体廓形或局部结构线条的形式来表现。

一、图形符号以装饰图形呈现的设计表现

（一）妆面图形符号

昆曲艺术的妆面，是最能表现昆曲艺术特点的符号之一。作为图形符号，昆曲妆面折射出的是中国古典审美的核心思想。这些生、旦、净、丑的妆面，既具有一定的形式美感，又在深层意义上具有性格化的特征，以形写神，神形兼备，最终形成强烈并富有个性的意蕴美，这正是中国传统文化所追求的"言有尽而意无穷"。妆面图形与家纺产品设计的结合，一方面使产品具有中华民族特有的古典形式美，另一方面，通过图形装饰获得鲜明、强烈的艺术效果，具有更为深厚的文化意蕴。

如图 4-1 所示的家纺产品，将旦角妆面以中国传统工笔画技法的形式表现，印染在丝绸材质的面料上，结合简洁的正方形造型，在靠垫四周采用了传统嵌线装饰工艺，白底青边，旦角人物在似圆非圆、似青非青的背景映衬下显得含蓄而明艳：鲜红的花瓣嘴唇妆、古典墨彩韵味的黛色眉妆、上挑的眼线、两颊的桃红、细长上翘的美目以及朦胧的桃花眼神，将中国古典女性美表现得淋漓尽致。本款设计，通过旦角妆面形貌特征的突出刻画，使家纺产品体现出昆曲艺术所追求的极致细腻、精致、婉转、清新典雅的感觉与韵味。

图 4-2 所示的家纺产品将生角妆面与中国剪纸艺术形式进行重构，印染在亚麻材质的面料上，结合现代感突出的正方形造型，在靠垫四周采用传统滚边工艺，并使白色底布上的红色滚边与靠垫主图案——生角妆面的中国红色彩相呼应，成就了产品总体色调的清丽明朗。生角妆面侧面造型中所表现的饱满方正的额头、阳刚的红唇、俊朗的剑眉、斜向上翘的美目、隆重而极具装饰性的盔帽，将中国古典男性美表现得极为突出。本款设计，通过对生角妆面形貌特征的突出刻画，赋予产品以昆曲艺术所蕴含的清新、儒雅、清丽的气质风貌。

图 4-1　旦角妆面符号在家纺产品中的应用　　图 4-2　生角妆面符号在家纺产品中的应用

昆曲艺术的净角妆面，作为富有代表性的中国戏曲视觉元素，具有鲜明的文化象征性。将其作为图形符号直接运用在家纺产品中，将产生鲜明的民族个性，但同时也可能因为不契合时尚语境而失去对年轻消费者的吸引力。图 4-3 所示的抱枕，采用间接提取、变异分解手法，提取昆曲净角人物"八黑"之一的张飞妆面样式，并通过打散、错位、结合等重构方式进行二方连续和四方连续图案的组合，用点线面的形象构成一种新型的视觉关系，使传统图形焕发出为当代审美所认同的时尚风采。

　　昆曲有三小戏之说，即小生、小旦和小丑，这三类角色在昆曲表演中占有重要地位。其中昆丑的念白幽默诙谐，豆腐块突出的妆面与丰富的表情搭配成趣，做、打功夫高超、灵巧而细腻，在珠玉满堂的昆曲舞台上独领风骚。昆丑表演以其轻盈、婉转的风貌契合昆曲的精髓，这种婉转不一定是生旦戏的一往情深，也可能是生活中一个普通的细节，却如同花朵盛开，突然间绽放出一种细腻、灵动而真诚的情感。在昆曲剧目中有许多著名的丑角戏，其中最为大众喜闻乐见的就是《双下山》。如图4-4所示的家纺产品，正是通过表现《双下山》的故事情节，将昆曲妆面符号与现代卡通流行文化相结合，将小和尚本无的造型契合现代审美的图形重构来设计。采用数码印花工艺表现江南山水墨底色，用贴布与刺绣工艺相结合表现风趣而活泼的人物主题图案，用刺绣工艺表现以非常规形式排列的篆章图案，简洁的方形轮廓，使产品呈现出愉悦、精致、时尚、雅意的视觉风貌，更是以萌萌的形象切合了年轻一代所钟爱的"新好男人"文化。

图4-3　净角妆面符号在家纺产品中的应用

图4-4　丑角妆面符号在家纺产品中的应用

（二）服饰图形符号

　　昆曲艺术的服饰图形符号不仅包括具有装饰意味的服饰纹样或图案符号，还包括昆曲服饰的廓形符号以及各部位色彩的比例构成。

　　首先，昆曲艺术的服饰图形符号，包含大量的中国传统吉祥图案，每一种图案都有其深刻的象征意义，具有深厚的文化内涵。如云纹一直是我国人民最喜爱的装饰图案之一，它蕴含着中华民族的文化理念和审美精神，云纹象征高升如意、吉祥美好，有着流畅、卷曲、起伏的线条，给人轻柔流动之美。在中国人的心中，云纹乃是生机、灵性、精神以及祥瑞等的载体和象征。另外，云纹在形态上对流动飘逸的曲线和回转交错结构的一贯保持，体现出中华民族的审美感觉或审美心理的普遍倾向，适应中国人注重事物动态特征、热衷流动形式美的一般审美习惯，因而云纹经常被运用于昆曲蟒服的装饰中，形成富丽堂皇、圆润饱满、生动飘逸的审美形式。这种云舒云展、流转飘逸的形象也是现代人所喜爱的，将其应用在家纺产品设计中，一则延伸形式美，二则使家纺产品具有意识形态层面的意蕴与内涵（图4-5）。

麒麟是中国文化中的吉兽，运用在昆曲服饰中，大多专用于丞相一类的高官人物，是身份高贵的象征。如图4-6（彩图8）所示，提取昆曲服饰中麒麟元素的外轮廓造型，进行简化，得到面料的主图案单元，然后用不同的图案色彩与一定的秩序，以平行排列的方式呈现在靠垫产品中，且印花图案工艺与线迹绣图案工艺搭配使用，表现在系列靠垫的不同产品上，既符合现代审美简洁、多元的形式，又能够传达出吉祥、高贵的寓意，提升了产品的审美文化价值。

其次，昆曲艺术的服饰图形符号还包含昆曲服饰的廓形符号以及各部位

图 4-5 传统云纹符号在家纺产品中的应用　　图 4-6 传统麒麟符号在家纺产品中的应用

色彩的比例构成。图4-7（彩图9）所示的家纺产品，其图案设计运用了昆曲艺术的服饰廓形符号，通过宽袍大袖的造型特征、尊红崇黄的色彩特征以及丝绸织物特有的光泽，体现出端庄、大方、含蓄的民族气质。该家纺色彩设计采用柔和的大面积低纯度底色，与服饰图形主要使用的艳丽色彩形成鲜明对比，又与服饰内部细节装饰色彩形成同色系统一，产生强烈而和谐的视觉效果，呈现出简洁、明快的现代审美特征，产品具有良好的装饰性，又折

图 4-7　服饰廓形符号在家纺产品中的应用

射出一定的文化品味与内涵。

图 4-8（彩图 10）所示的靠垫设计，将昆曲服饰图形与现代流行"汪星人"文化、卡通文化相结合，采用戏仿重构的方法，使昆曲服饰图形符号与卡通狗形象相叠加，诙谐风趣，契合当代流行文化中的戏谑审美，同时，结合贴布与毛线刺绣工艺，使产品表现出装饰性、工艺化的特征，与昆曲艺术追求装饰、精致、巧妙的心

图 4-8　服饰廓形符号在靠垫设计中的应用

思异曲同工，是十分吸引年轻消费者的家纺产品，不仅能够满足使用功能，也能够获得在使用中不知不觉去体会中国传统戏曲服饰文化之魅力，产生更为深远的现实意义。

（三）砌末图形符号

砌末的虚拟化是昆曲艺术一个非常显著的特征。砌末本身的使用就是昆曲写意性的直接表现，当将其应用在家纺产品设计中时，这种写意性就得到了延伸。图 4-9 所示的手帕巾，以昆曲砌末元素葫芦为主图案，将昆曲妆面元素、园林的花窗元素、昆曲服饰的图案元素等简化后再重构，形成质朴、雅致的东方格调。手绘风格的图案表现，大小颠倒的图案设计，简练的构

图4-9 砌末符号在手帕巾上的应用

图4-10 砌末、妆面等符号在靠垫上的应用

图，分明的色彩，使产品呈现出明朗、洁净的现代设计风貌。其中的图形符号，不仅仅呈现了装饰性的视觉内容，更表达了吉祥、雅意的内涵与传统意趣。

如图4-10所示的设计，用现代图标设计的方法，提取昆曲艺术的砌末、乐器、妆面、服饰以及相关的园林花窗、拱桥、凉亭等外形轮廓，赋以靓丽流行的色彩，进行排列组合，形成现代感十足的图标组合图形。将此设计应用于靠垫，呈现出典型的矢量化、时尚化的视觉特征，而在现代时尚化的背后，又蕴含江南文化和戏曲文化的古典意趣。

（四）乐器图形符号

昆曲被称为中国的歌剧，是中国人具有六百年历史的清音雅乐，特别是其伴奏，以曲笛、弦子为主，对昆曲音乐风格的表现具有至关重要的作用，因此昆曲乐器图形符号，会使人联想到昆曲轻柔婉转的音乐，如水、如玉的昆曲角色，雅韵而唯美的昆曲表演。再者，乐器的廓形、结构本身就是具有一定形式美感的点、线、面组合，应用于家纺产品设计中，自会获得良好的装饰效果与深厚的文化审美意蕴。如图4-11所示的靠垫，采用天然质朴的麻质面料，以中国水墨风格表现的昆曲服饰图案元素——竹、荷为底纹，辅以左上部无彩色表现的中国文字，进一步增强了传统韵致，最吸引视线的是主图案的昆曲乐器琵琶图形符号，以亮丽的红、蓝色在右方呈现，就好像极具装饰效果的昆曲角色在清丽、雅致的昆曲舞台上，表演精美、雅韵的昆曲一样，呈现出浓郁的江南雅文化特征。

（五）人物动态图形符号

昆曲表演不仅通过"歌"表情达意，而且通过"舞"塑造出众多美的造型。这种造型的核心是将生活中人的形体、行为、表情以及环境的自然形态提炼为具有典型意义的艺术程式，不是单个的肢体动作，而是由手姿、眼神、身段、步法等共同展现的表演，这种艺术程式的视觉表现形成了昆曲艺术的人物动态图形符号，应用在家纺产品设计中，具有明确的昆曲意味，表达出昆曲艺术的细腻、雅致，体现了江南文化的精巧与含蓄。

图4-11 乐器符号在靠垫中的应用

如图4-12所示的靠垫，将昆曲表演程式视觉图形的局部进行截取，将手姿元素、扇元素、水袖元素重构，形成极具昆曲意蕴的人物动态图形符号，与中国文字表现的古诗词相结合，用简洁的无彩色线迹刺绣表达图形流畅而灵动的线条感。将图案撑满在本白色的亚麻底布上，昆曲艺术清、淡、精、雅的艺术特征跃然呈现在产品上，并由此折射出使用者个性化、富有文艺的审美偏好。

图4-12 人物动态图形符号在靠垫中的应用

（六）曲目情节、唱词、念白的视觉表现图形符号

经典曲目的情节、唱词、念白等元素，具有深厚的文化底蕴，将它们以视觉的形式呈现出来，则表现为昆曲艺术的叙事性视觉元素。把这些元素应用在现代家纺产品设计中，必然在产品与受众之间搭建起情感桥梁，进而产生良好的文化反馈与效应。

如图 4-13 所示的靠垫，就是昆曲艺术的叙事性符号在家纺产品设计中的应用实例。装饰图案选用高马德先生的戏曲装饰画，内容为昆曲经典曲目《牡丹亭》的叙事性符号，底布选用有丝绸光泽和手感的本色铜氨丝面料，采用数码喷印工艺，色调淡雅、质朴，与水墨画的风格形式相得益彰。

书法表现的中国文字和印章是我国的传统图形元素，其写意神韵与昆曲艺术一脉相承。将其作为表现经典唱词、念白、品牌标识等的图形符号应用在家纺产品设计中，将成为生发在家纺产品上的文脉艺术，以其别致的文化风貌提升家纺产品的历史厚重感。如图 4-14 所示的靠垫，右上角的图形是将旦角妆面的局部用印章的视觉形式表现出来，产生了一种有意味的形式美感，与昆曲服饰中的蝴蝶主图案组合，用线迹刺绣于本色棉质底布上，形成立体、灵动、素雅、精致、古风的视觉观感；而且蝴蝶寓意"福叠"，也赋予产品吉祥的文化寓意。

图 4-13 经典曲目情节视觉表现图形符号在靠垫中的应用　　图 4-14 妆面印章表现形式在靠垫中的应用

二、图形符号以整体廓形或结构线形式呈现的设计表现

在现代家纺产品设计中，昆曲艺术的视觉图形符号不仅能以装饰图形的

形式来表现，也能够以廓形或结构线的形式在造型设计中被应用。如图4-15所示的异形靠垫，造型灵感来源于昆曲戏衣的外部廓形，设计提取昆剧戏衣的廓形元素作为靠垫家纺的外部造型结构线，用现代感十足的毛线绣工艺将简化的云纹图案绣于有凸凹肌理的亚麻面料上，使产品呈现出质朴、舒

图4-15　服饰廓形图形符号在靠垫设计中的应用

适、意趣的风格，并具有吉祥的文化意指，符合现代人追求自然、简单、愉悦的心理需求，又能体现一定的生活品味。图4-16所示的靠垫，分割线的设计灵感来自昆曲旦角的额妆符号。图4-17所示的桌旗，端部的设计灵感来自昆曲旦角女帔服饰前襟的如意头符号，这些符号与家纺产品的锦缎材质、中式色彩、纹样以及昆曲服饰的传统工艺细节、配件组合设计在一起，呈现出精致、巧妙的昆曲文化意蕴。

图4-16　额妆符号在靠垫设计中的应用

图4-17　女帔如意头符号在桌旗设计中的应用

第三节　色彩、织物和工艺装饰符号的设计表现

一、色彩符号的设计表现

　　昆曲艺术的装饰色彩符号主要包含妆面色彩、服饰色彩、砌末色彩等，这些装饰色彩是中华民族戏曲艺术的习惯用色，在运用上遵循"表情达意"的规律，重视色彩的视觉效果，对比为主、兼顾调和是其用色特征，意在通过鲜明的色彩差异来表明身份鲜活、个性独特的人物形象，已经和中国传统的民情风俗、生活习惯以及审美意识紧密相连。然而，随着社会形态、生活观念的改变，昆曲艺术的装饰色彩也逐步与时尚流行的色彩交相融合。青春版《牡丹亭》中的视觉装饰色彩，从妆面发饰到服装，再到砌末舞美，都已在传统昆曲浓郁、靓丽装饰色彩的基础上极大地融入了现代时尚色彩，尤其是无彩色黑、白、灰的使用，但同时仍然保持了传统昆曲色彩的文化内涵，如尊红崇黄的传统审美意识，明艳、靓丽的舞美色彩风格等，这样的处理方式也正是现代家纺产品设计应该借鉴的。

　　昆曲艺术的色彩符号在家纺产品设计中以产品色彩的形式来表现，如昆曲服饰最常见的红色，是中国人喜爱并能够代表中国民族色彩文化的色彩，有中国红之称。色相是珊瑚红，具有喜庆、吉祥的文化寓意，也是世界设计语境下中国的象征，故受到家纺设计师的喜爱。图4-18所示的婚庆配套家纺，将中国红与昆曲人物动态形象符号相结合，将昆曲艺术与现代流行卡通文化相结合，形成明亮、俏皮、时尚、喜庆的风格。黄色在昆曲中是帝王将相的专属色，在中国传统文化中是象征大地的颜色，是中和之色、居中位之色，是崇高、高贵的象征，现在常与丝绸或具有丝绸视觉感的材质结合使用来设计高档的家纺产品。在昆曲中大量应用在旦角头面的中国蓝，即点翠之色，是温润典雅的青花蓝，具有历史美感，象征文明与创造，是中国丰富多彩的艺术宝藏中极具代表性的色彩，在现代家纺产品设计中使用也非常广泛，表现出清雅高洁的色彩语义。

图 4-18　昆曲艺术的色彩符号在家纺设计中的应用

二、织物符号的设计表现

　　面料是家纺产品色彩、纹样、款式造型的载体，是构成家纺产品的重要元素，能够直接影响产品的风格。昆曲艺术的织物符号主要来源于昆曲服饰与布景，基本都采用丝绸材质。在新型面料层出不穷的今天，丝绸面料以其健康、环保而舒适的亲肤性，含蓄而华贵、绚丽而典雅的装饰性，浓厚而悠远的文化内涵依然深受消费者和设计师的喜爱。丝绸面料具有雍容、优雅的贵族气息，其中，绉缎柔顺、轻薄、细腻，大缎滑爽、挺括有骨、光鲜靓丽，锦缎色彩浓郁、图案层次丰富、视觉冲击力强。

　　昆曲艺术的织物符号在家纺产品设计中主要以产品大面积的主面料或局部装饰面料的形式表现。图 4-19（彩图 11）所示的抱枕，即是昆曲艺术织物符号在家纺产品中的应用实例。主面料采用具有细腻、靓丽光泽的绉缎，产品柔软、细腻、爽滑，肌肤触感良好；色彩采用具有吉祥寓意的中国红；图案采用昆曲服饰中典型的吉祥图案——福叠牡丹，变形、简化为与外轮廓造

型相似的适合纹样，配以精致的苏绣工艺，并按照昆曲服饰官衣补子的呈现式样来排列。上述织物、色彩、图案、工艺元素相结合的设计，使抱枕不仅具有良好的装饰效果，还具有吉祥、富贵、高升的寓意和内涵。

图 4-19　昆曲艺术织物符号在家纺设计中的应用

三、工艺装饰符号的设计表现

昆曲艺术的工艺符号包括镶、嵌、滚、荡等装饰工艺，领、扣、结、衩等细节工艺，针法细腻、精美丰富的刺绣工艺等。这些变化丰富的工艺符号，在过去与人们的生活息息相关，但在今天，它们的实用功能逐渐降低甚至是消失了，在现代家纺产品设计中，大多工艺符号成为名副其实的装饰符号，用以满足消费者，特别是广大追求时尚的年轻人追求个性的心理需求。因此，昆曲艺术的工艺装饰符号在家纺产品设计中往往以工艺装饰细节与装饰图案的形式表现。如昆曲戏衣的盘扣，作为角色服装的重要组成部分，其实用意义不言而喻，而现在，用在靠垫、床品等家纺上作装饰细节，其实用功能已降低，取而代之的是对现代人怀旧心理的迎合与满足。有时，盘扣甚至仅仅以图形符号的形式出现在家纺产品上，完全摒弃了传统的实用功能（图 4-20）。

图 4-20　盘扣、嵌线工艺装饰符号在家纺设计中的应用

镶、嵌、滚、荡工艺是中国的传统手工艺，有着极其悠久和璀璨的历史，在昆曲服饰中，这些工艺既是服装制作的处理工艺，也是一种装饰手段，展现出独特的民族韵味，与昆曲艺术精致、细腻的风格如出一辙。在现代家纺产品设计中，传统手工艺与家纺产品之间的结合形式越来越被关注，工艺符号的运用能够产生强烈的装饰效果，提升产品的古典韵味，而且在使用中也尽量挖掘其实用价值，如图 4-21 所示的真丝材质的靠

垫，就是利用嵌线工艺的耐磨、经用性
能而克服真丝材料较娇贵的弊病。

中国结、流苏等符号也是昆曲服饰
中常见的装饰细节，漫长的历史、文化
积淀使这些装饰细节渗透出中华民族特
有的文化底蕴。图4-22所示的靠垫家
纺，高级灰缎面为主料，搭配绿金斑驳
缎面的拼接，在两者之间，又镶拼兼具
丝质光感与金属光泽的铜金色装饰条，
最凝聚视线的点睛之笔是，在产品正中

图4-21　真丝材质的靠垫

装饰着仿玉佩＋流苏装饰，其铜金色与墨绿色相间的设计，与绿金斑驳缎
面的花色即有变化又协调统一，使整个产品呈现贵气、高级、古典而又时尚
的效果，体现出产品主人不同的个性与审美品位，反映出中国文化的幽远和
深邃。

苏绣是我国古老的民间工艺，产生于春秋时期，居我国四大名绣之首，
而丰富的苏绣工艺又是昆曲服饰、布景所具有的显著特征，特点为平、齐、
细、密、匀、顺、和、光。在现代家纺产品设计中，刺绣是一种极具东方文
化特色的表达方式，而苏绣更是我国刺绣文化中的翘楚。将苏绣工艺符号与
昆曲艺术的图形符号相结合，用最精致的工艺来表现最雅致的内容，无疑将
使产品的形式美感与内涵提升到最佳，使家纺产品呈现出如诗如画的意境
（图4-23）。

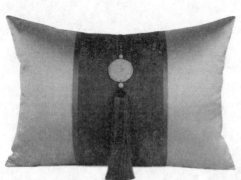

图4-22　流苏工艺符号在家纺设计中的应用

图4-23　刺绣工艺符号在家纺设计中的应用

第五章

基于昆曲艺术视觉符号的
家纺产品整体设计

近年来，家纺产品的整体设计理念在家纺行业掀起了巨大的浪潮，同时，我国城镇化建设步伐的加快也使越来越多的消费者对居室的整体软装、整体家纺提出更高的要求，加之"大家居"理念的深入宣传和推广，家纺产品的整体设计已成为未来家纺设计发展的必然趋势。

　　与此同步，对传统文化艺术的关注与回归，使设计师把目光聚焦在对传统文化艺术灵感的挖掘上。而昆曲作为中华民族五千年文明史上灿烂的艺术瑰宝，在唱腔、念白、表演、舞蹈、置景等方面都达到了戏曲表演的最高境界，其中的视觉元素为现代设计提供了丰富的灵感源泉，若能将其符号化，应用于家纺产品的整体设计中，则可契合时代需求，将产生良好的市场效应和艺术价值。

第一节　基于昆曲艺术视觉符号的整体家纺的风格表现

一、家纺产品整体设计

（一）家纺产品整体设计的概念

家纺产品整体设计也称整体家纺设计，主要包括两方面的含义。首先，是指对空间范围内所使用的家纺产品做整体性考量，以整合的设计理念、相应的设计手法使各种针对不同装饰对象或具有不同用途的家用纺织品有序组合起来，形成特定而风格统一的整体。其次，是指与居室装修风格相统一，强调家纺软装饰与居室的硬装饰相统一，强调软装饰与硬装饰互为映衬、互为补充的和谐效果。也就是说，家纺整体设计提供丰富的产品系列，注重系列的整体性与统一性，强调家纺软装饰是家居整体装饰中的一个有机组成部分。家纺整体设计通过对款式、色彩、面料、图案等要素进行系统整合，使设计主题、风格和理念更充分体现，彰显设计内涵，也同时获得强烈的视觉效果。

（二）家纺产品整体设计的承载空间

家纺产品整体设计首先要依托一个完整的室内空间环境。现代家居空间主要包括卧室、客厅、餐厅、卫生间、厨房、书房等，各空间功能明确、独立分区，整体家纺设计就是要针对这些不同的功能区，对其中使用的家纺产品进行图案、色彩、材质、款式等因素的整体设计。因此，整体家纺设计也可分为客厅、卧室、餐厅、厨房、卫浴的整体家纺设计。对于卧室，如果细分，还可以进一步分为成人、儿童与婴幼儿所使用的卧室。

二、家纺产品整体设计对风格的注重

家纺产品的设计风格是产品的外观样式与精神内涵相结合的总体表现，

是指产品所传达的内涵和感受。它能传达出家纺产品的总体特征，给人以视觉冲击力和精神感染力。尤其是当依托于一个室内空间进行整体家纺设计时，首先要根据环境来确立装饰风格，然后在此基础上完成整体家纺的色彩配置、面料图案、款式造型等设计，将艺术灵感与理性思考巧妙地排列组合，使家纺产品与室内空间环境结合为一个有机的整体，形成具有艺术感染力的氛围。因此，进行整体家纺设计，要非常注重风格情调的确立。

整体家纺的设计风格有很多种，从时代、地域、民族、生活方式等方面都可以切入区分，如古典与现代、后现代，欧式与中式，田园与极简等。在不同风格中，还可以做更细致的划分，如古典风格中的中式古典风格与欧式古典风格；田园风格中的美式田园风格、欧式田园风格、韩式田园风格以及中式田园风格。同一空间内的整体家纺，往往也会呈现不同风格的融合与交叉，现代人多元的生活方式与审美，使这种风格融合偏好表现得越来越突出，于是就有了近年来混搭风格的流行。

三、昆曲艺术视觉符号在整体家纺（家居）设计中的风格表现

昆曲艺术视觉符号在整体家纺（家居）设计中的风格表现，是指将昆曲艺术视觉符号作为设计的一个灵感源，在一定的家居空间内，所包含的家纺产品总体呈现的风格样式，如中式古典风格、中式田园风格、新中式风格以及多元混搭风格等。

（一）中式古典风格

中式古典风格是指继承中国传统，讲究文化底蕴，格调高雅，体现较高审美情趣的一类风格。这种风格的家纺设计，在款式上采用简练的整体结构，讲究比例均匀，以细部的精致刻画与大块面的整体效果形成强烈、有序的对比，色彩与图案多采用中国传统织物色彩与图案以及传统的吉祥图案等比较适合体现中式古典风格的元素，寓意、造型、配色都充分反映了中国悠久的历史文化背景。由于典型的中式家具多用黄梨木和红木，所以中式古典风格的家纺色调多以米色、淡赭色、熟褐色、暗红色为主色调，局部则配以纯度较高的大红色、翠绿色、明黄色、金色等作为点缀，起到画龙点睛的作

用。在面料的选择上，多选用素色或带有简单的云纹、曲水纹、菱花纹装饰的提花或印花织物。中国传统的丝织物如织锦缎、古香缎等色彩绚丽、光泽华丽，常被用作局部点缀的面料。在装饰设计上多运用有中国传统特色的工艺，如刺绣和编结。刺绣作为中国传统手工艺的代表，可以增加产品的观赏性和艺术性。中国结流传已久，花样繁多，包括花结、盘扣、穗子等，运用在家用纺织品中不但能起到装饰作用，而且具有深刻的寓意。昆曲艺术视觉元素是经典优秀的中式传统元素，应用于中式古典风格中融洽而和谐。如图5-1（彩图12）所示的整体家纺设计，靠垫的昆曲艺术妆面符号、坐垫的工尺谱符号与其他中式元素相得益彰，水乳交融，形成端庄、大气、典雅的视觉风貌。

图5-1　中式古典风格

（二）中式田园风格

田园风格倡导回归自然，力求表现悠闲、舒畅、自然的田园生活情趣，就如同一幅美丽的生活画卷般芬芳而温馨，置身其中，你不仅可以感受到清新畅快的生活环境，而且还能感受到主人浓厚的生活情趣和审美需求。田园风格的家纺设计，符合现代人追求返璞归真，崇尚轻松、悠闲、随意的生活特点。根据地域特点和人文风情的不同，田园风格家纺分类很多，而其中最有代表性的就是美式、欧式、中式、韩式田园风格的家纺。

中式田园风格注重人文气息和自然恬适之感，色彩基调朴素自然、平和中庸，多采用丰收的金黄色、沉稳质朴的泥色以及与墙面结合的青砖色等暗雅的色彩。中式田园风格的家纺产品款式简洁大方，外部廓形多为方形或圆形等规则几何形，采用棉、麻等天然舒适面料，纹样为素色或传统或（现代）风格的植物纹样，并搭配木、石、藤、竹等天然材料的家具，而水、花、草、字、画、瓷器、陶器，甚至蓑衣斗笠等中国古老物件都可以作为家居空间中的摆设，营造出雅致的氛围。与其他田园风格不同的是，中式田园风格的家居空间中，家纺产品所占的比例不宜过多，织物材质多与其他天然材料搭配使用，以体现中式文化中简约、淡然、宁静致远的格调。昆曲艺术具有清、淡、雅、意等艺术特征，其格调与中式田园风格的意境异曲同工，将其应用于整体家纺设计，能够产生中华民族文化所特有的家居情怀，能够更好地满足人们对悠闲、简约、意趣、自在而有文化底蕴的生活的向往和追求。

如图5-2（彩图13）所示的整体家居设计，将中式韵味与田园风格的自然闲适完美地结合在一起。柔和的灯光下，静谧的茶室，质朴的米金色；木质家具色调天成、式样简洁，以中式的对称布局排列，中间水墨风格的昆曲人物字画，为室内平添了一抹文化意蕴；米白底淡水墨亚麻窗帘减弱了黑色

图5-2　中式田园风格

金属窗框所带来的冷硬感，采用简洁的纵向开启式卷帘款式，与下方坐具软包面的色彩、材质一致；米色地垫铺设于木色地板中间；随意放置的靠垫与地垫色彩有的互为同色系，有的互为补色，花色与昆曲人物字画的内容遥相呼应；除此之外，桌面上瓷质的手工茶具、竹制的手工茶铺以及左边置于通透鸟笼式盛器中的藤枝摆设，都使空间充满清净、淡雅、质朴的意趣。同时紫色靠垫与地垫的紫色织物装饰宽边相呼应，与整体色调产生碰撞，使紫色成为米色基调中的点睛之笔，赋予田园风格家居空间以灵动之气。

（三）新中式风格

新中式风格，是在中国传统文化复兴的当代背景下，人们期待在当前流行的家居装饰设计中文化底蕴的回归。新中式家居风格一方面改变传统家居形式和功能上的烦琐、不实用，另一方面又极力保持中式传统的独特韵味，使其更符合当下人们的生活习惯与生活方式。因此，新中式家居设计也是顺应人们的喜好和需求而出现的设计风格。这种风格是将中式家居的设计元素与现代家居设计元素完美结合，使现代家居产生了一种既古典精美又简约高雅的新美学风貌。传统的中式风格对于现代生活的人来说，有时会感觉过于繁锁复杂，且对工艺及造价的成本也要求颇高。而如今的新中式风格的家居设计，却是继承了传统中式家居的形神特点，把传统文化深厚的底蕴作为设计元素，去繁除奢，从传统家具、陈设、织物、植物配置、色彩等相关元素中汲取灵感，并运用现代简洁、舒适的设计理念来重新组合，使设计既能符合现代人的生活习惯，又能保留中式风格的清雅含蓄和端庄秀丽，使东方意境始终贯穿于整个家居空间。

新中式风格的整体家纺设计，设计过程中以传统元素符号为基石，结合现代的设计理念与工艺手法，将传统装饰元素的经典之处，加以简化、提炼与重构，通过提炼演变成新的设计符号，形成具有创新思想的新形态，达到以形写意、形神兼备的艺术效果，这也正是昆曲艺术视觉符号应用于现代家纺设计的核心所在。因此，将昆曲艺术视觉符号融入新中式风格的整体家纺设计之中，既能符合现代人的生活习惯和审美要求，又能获得更高层次、品味的精神享受，获得既反映昆曲艺术传统文化神韵、又具有强烈时代感的优秀设计。

如图5-3（彩图14）所示的整体家居设计，将昆曲艺术清雅、靓丽的装饰韵味与现代简洁、舒适设计理念完美地结合在一起。白色的墙面、开阔的金属窗框落地窗、简洁的横向拉合窗帘、宽大的布艺沙发与靠垫、全幅面的背景墙、单色大面积的素色地毯、高大的绿叶植物，使家居空间简约、大气，现代感十足，然而中式的茶几、官帽椅、锦缎材质的坐垫和圆柱形的沙发长靠，侧面的中式木质坐具，昆曲角色妆面图案装饰的背景墙，布艺沙发面料上的中国文字图案，桌旗的工尺谱装饰图案、靠垫面料的昆曲乐器图案等，又使设计带有浓厚的中式传统意蕴。

图5-3 新中式风格

（四）混搭风格

混搭艺术风格首先出现在服装界和时尚界，指将本身具有不同风格、不同材质、不同颜色、不同价值的服装和饰品组合在一起，并使之匹配。而如今，这种风格却是以不可抵挡的强势力量刮进了建筑设计、室内设计和产品设计中，影响着人们生活的方方面面。

混搭设计的本质是珠联璧合式的融合，而不是张冠李戴式的乱搭。如现代风格的织物与田园风格的藤椅搭配，顿时有了休闲感；舒适的西式沙发搭配传统的中式黄花梨茶几，则产生中西结合、相得益彰的美感；欧式厚重的窗帘上，烦琐的花纹样式变成中式的国画图案，即刻有了东方文化的神韵，并呈现出时尚感。作为一种设计风格和理念，混搭是一种逆向思维，是利用突破常规、出奇制胜的方式创造新的形式美感，是设计创新的有效途径。昆曲艺术视觉符号根植于深邃悠远的昆曲美学之中，在六百年的历史传承中形成了特定的文化内涵和具有凝聚力的审美特征，将之应用于混搭风格的整体家纺设计中，能够提升设计的文化内涵，满足设计的个性化和情感化要求，形成丰富的多元化风格。

如图 5-4 所示的整体家居设计，是将昆曲艺术视觉符号应用于靠垫产品，并将其与现代风格的家居软装饰相混搭，使整个家居空间呈现出个性而多元的特征。家居空间的主色调是黑、白、灰的无彩色，搭配了一定比例的靓丽橙黄的装饰色彩；家具造型方正、简洁，所有的装饰纹样几乎都是几何形图案，包括墙布和装饰画的竖条纹图案，靠垫和窗帘的三角形水波纹图案，橙色边柜表面的长方形渐变图案以及地毯黑色底布上灰色的正方形图案。窗帘的亚麻、床品的纯棉以及靠垫和地毯的绒类面料的混搭，形成了丰富的视觉效果，并使家居空间呈现出较为明确的现代设计风格。此外，该设计中混搭了以昆曲妆面和乐器为设计元素的中式风格靠垫，置于床品的中心，底色与墙面装饰画的橙黄、翠绿、纯白等色彩相呼应；面料采用真丝绉缎，柔软细腻并具有丝质光泽，与床头柜上昆曲旦角造型的卡通布偶搭配成

图 5-4 混搭风格（一）

趣，为大气、简洁的现代风格注入细腻、雅致而极具装饰性的元素，呈现个性而多语义的混搭风格特征。

如图 5-5（彩图 15）所示的整体家居设计，将昆曲艺术旦角妆面进行卡通化设计，以残缺型引用的方式应用于家居空间之中，形成以美式风格为主体，融入中式元素的混搭风格的视觉效果。整体家纺以蓝色为主色调，融入白色、米灰配色，形成清新、明朗的色彩效应；主图案为旦角妆面图案，在靠垫与台灯罩上搭配运用，并与其他靠垫上绵延山丘和漂浮云彩所表现的中式风景图案、单色图案，壁炉之上的昆曲人物动态造型图案互为呼应，为美式整体家居空间融入中式韵味和情调，以获得更为多元化的艺术氛围与效果。

图 5-5　混搭风格（二）

第二节　基于昆曲艺术视觉符号的整体家纺设计原则

研究昆曲艺术视觉符号在整体家纺设计中的应用，首先要研究昆曲艺术视觉符号在家纺产品整体设计中的表现形式，即昆曲艺术视觉符号与家纺产品的设计要素——色彩、图案、款式、材料之间以一定的原则和方式进行风格化的融合。

一、色彩设计原则

在整体家纺设计中，昆曲艺术的色彩符号有的少量使用，有的大面积使用。少量使用的色彩符号往往更注重色彩语义，注重其能够带来的昆曲文化艺术内涵；而当大面积使用传统色彩时，则往往会降低其纯度，并搭配无彩色、高级灰、米、赭石等素雅色调，使设计既能够契合当代设计审美的要求，又能够带来昆曲文化艺术的意境。因此，整体家纺的色彩设计过程往往会先确定色彩基调，从无彩色渐入，从淡雅的大背景（整体色调）开始，逐渐引入具有视觉表现力的色彩，直至最终引入高纯度、高明度的装饰色彩，并将其表现在整体家纺设计之中。

二、图案设计原则

在整体家纺设计中，图形设计往往表现为主体图形和辅助图形的系列化设计，其核心精神在于，既要使设计符合现代审美的简洁性，又要根据表现风格追求家纺产品的装饰性。因此，整体家纺设计注重以主体图形形成设计的视觉中心，以辅助图形形成与主体图形调和的、低调而丰富的视觉效果。主体图形多采用靓丽的色彩、丰富的工艺来表达，尤其注意图形的细节刻画，如采用传统或现代刺绣工艺等。辅助图形多采用现代感十足的简洁线条，采用与主体图形同色系的暗纹处理，采用相对简单、经济的图形工艺，如印花、提花、绣印结合或面料二次设计等。图形设计要追求整体设计的装饰性效果，但也绝不能因此而牺牲产品的功能性，整体设计强调形式与功能的完好结合。

三、款式设计原则

在整体家纺设计中，款式设计往往注重昆曲艺术工艺装饰细节符号的重构，将某种工艺装饰细节作为不同功能家纺产品之间的关联要素，重复使用并成为引人注目的设计内容，如中式子母扣、滚边、嵌线、如意头等；也注重昆曲艺术元素中具有中式思想精神的使用方式融入，如以官服补子的呈现方式来表现装饰图形；同时，与昆曲艺术的核心精神相一致，整体家纺的款式设计注重精美的细节处理，注意设计的精与巧，特别是在不为人关注处匠心独运，给人惊喜与回味。苏绣是设计表现昆曲艺术韵味不可或缺的符号，它的使用不仅考虑装饰性，也要从功能性、使用性的角度去设计，即从宜人的产品设计理念出发，追求视觉美的同时，更要对人友好、亲善，可以亲密相处，而不仅仅是高高在上的观赏品。为了提升家纺产品的时尚性与精美性，可以在款式设计中融入拼布、贴布工艺，其底布不仅要在色彩、纹样、比例上与装饰布互为协调，更要使底布与其上的装饰图形工艺相适应，以科学合理的工艺方式，形成具有雅致、明艳的昆曲艺术韵味的样貌特征。

四、材料设计原则

昆曲表演的服饰、帷幕等大多采用丝绸类织物制作，其光泽柔和，色彩或靓丽或素雅，材质或自由飘逸或可塑性良好，形成昆曲舞台上美轮美奂的视觉效果，所以丝绸是极具昆曲艺术魅力的织物符号，应用于家纺产品整体设计中，能够较好地体现设计的雅韵与艺术魅力。然而丝绸的价格较高，作为主面料，丝绸只能用于高档的整体家纺设计中，如高端的卧室类整体家纺，包括床品套件、床品搭配装饰、睡衣以及拖鞋等卧室空间所使用的整体家纺。为了获得丝绸材质所带来的视觉与触觉效果，近年来，多用天丝织物替代丝绸。天丝织物具有类似丝绸的丝光效果与舒适度，其成本却远低于丝绸，且其牢度也明显高于丝绸，设计中可以独立作为主面料使用，也可以与丝绸搭配使用，以满足消费者对丝绸的喜好，并提升产品的功能性与经济性。另外，丝绸虽好，但牢度不足，不能满足家居日常生活用品的使用要求，如易被磨损的坐垫和地垫，需承受高温的桌布、餐垫等。因此，在整体设计中，根据使用空间、用途和要求，常常将丝绸作为装饰面料使用，将其应用在家纺产品的非主要工作部分，也可以通过黏衬、绗缝等工艺手段来优化其使用牢度。值得一提的是，麻质面料因质朴天然、亲肤性好、牢度强，具有独特的肌理效果，也经常与昆曲艺术视觉符号相结合来设计的中式田园风格、混搭风格等整体家纺。

五、风格表现原则

（一）雅艳并存

昆曲艺术讲究意在笔先，细节深刻，诗情画意，与中国水墨艺术同脉同宗，讲究造型的写意、色调的淡雅、线条的流畅，形态的似有似无，不强调清晰的轮廓与边界，只是点到为止。同时，昆曲艺术又是令人惊艳的舞台艺术，是精彩绝伦的视觉盛宴，其角色造型靓丽、鲜明，人物动态灵动而富于美感，具有强烈的视觉冲击力。因此，以昆曲艺术视觉元素为灵感的整体家纺设计，在风格确立时既要注重雅意的传达，又要重视靓丽效果的呈现，形成雅艳并存的视觉特征。

（二）由靓丽渐入典雅的设计

昆曲表演的角色、舞美具有强烈的装饰性，同时又具有江南文化的空灵内涵，形成雅艳并存的视觉特征，这为家纺产品整体设计的层次分布提供了设计灵感。在整体家纺设计中，各单品要有一定的主次，设计要通过装饰、工艺等手段重点表现作为视觉焦点的靓丽单品，表现指引设计风格意境的关键单品，使整体家纺呈现出既能吸引视线，又能引导受众渐渐进入低彩度、灰度、留白的视觉空间，使家纺单品形成分明的层次结构，从而使人获得从高度关注到节奏舒缓的视觉体验。

（三）设计注重细节表现

昆曲是歌舞合一的优秀典范，其高超的艺术性集中体现于妆面、服饰、砌末、表演等方面，它建立了一套严谨细致的角色行当体系和表演程式，使演员们能够生动细腻而恰如其分地塑造剧中人物的性格。在生、旦、净、丑这四个角色家门中，每个角色都有专门的妆面与服饰，角色定位基本上可以从造型中得到辨别。而且，昆曲表演的一言一行、一颦一笑等日常生活化的动作都必须遵循严格的规范，这些规范是艺术家们经过无数次实践后高度提炼出来的，每一个细微的动作都有它独到的内涵，并与剧中人物细腻复杂的情感相对应，昆曲中融入了我国传统的哲学思想，它注重细节，通过每一个细节的反复推敲和处理，达到虚实结合、形神兼备的艺术境界。因此，以昆曲艺术视觉元素为灵感的整体家纺设计，同样要注重设计的细节表现，将我国传统的哲学思想融入设计之中，使整体家纺设计具有更加深厚的文化底蕴与内涵。

（四）设计中融入园林符号

昆曲诞生于园林之乡，决定了它不可能摆脱园林的影响，而同时又必定要流露一种先天的情结。《牡丹亭》中的游园，《长生殿》中的惊变，都以园林为发生地，园林为剧情提供了抒发情感的优美环境，营造了良好的剧情氛围，进而烘托出剧中主人公情感世界的变化，表演艺术家将精致的园林与人物复杂的情感完美地融为一体。可以说，没有别的空间比园林更能够承载昆曲之美了，因此，当以昆曲艺术视觉元素为灵感进行整体家纺设计时，将园林符号融入其中，能够使设计获得更为闲适、雅趣、自由的意境与格调。

（五）设计中融入古乐曲谱符号

在我国古代文学史上，唐诗宋词中有许多经典作品是配以曲调供人吟唱的，相当于现在作词谱曲的流行音乐，也就是说，唐诗宋词不仅属于文学，也属于音乐艺术的范畴。而遗憾的是，这些口传心授的古代音乐难以保存下来，大多已失传，对于保留下来的部分古代曲谱，人们却无法解读复原，这成为永远的遗憾。昆曲，是历代文人雅士从南曲北调的精华中提炼出来的音乐艺术，它保留了诸多古乐的痕迹，在艺术水平上"青出于蓝而胜于蓝"，达到了古乐发展的高峰，其工尺谱是我国古代乐曲最为完整的记录，成为具有古乐意蕴、指代古人审美品位的视觉符号。以昆曲艺术视觉元素为灵感进行整体家纺设计，可以将古乐曲谱符号（工尺谱）融入其中，并由此赋予整体家纺更加古典、文明、雅致的艺术气韵与文化造诣。

第三节　整体家纺的设计方法

不论是整体家纺还是家纺单品，其设计构成元素都是由款式、色彩、图案、材料、工艺等要素来构成，只是在整体家纺设计中，不仅要艺术化、科学化地配置各要素，设计过程更加看重各要素之间相互穿插、结合的关系，这种关系不仅表现在单品上，同时也表现在组成整体家纺的各组成单品之间，而且对于整体家纺来说，从宏观的角度进行款式、色彩、图案、材料的优化配置，在视觉上呈现整体性风格，更是设计的重点。

一、色彩设计方法

家纺产品丰富的色彩是调节人们心理情绪的重要因素，它能够直接影响室内环境的风格，给人带来不同的心理感受，整体家纺的色彩设计是指借助色彩将各家纺单品有机地联系起来。整体家纺的色彩设计方法很多，可以是相同图案用不同色相、纯度加以表现；不同图案用相同色相、纯度加以表现；同一色调的搭配表现；对比色彩的冲撞表现等。居室内的色彩不宜过于繁重，应在把握大的色调基础上进行变化与搭配，获得统一而富有变化的装饰效果。

在表达人的情感、性格并与生活息息相关的室内家纺产品的设计中，色彩可以充当核心角色。因此，在将昆曲艺术视觉符号运用到整体家纺设计时，色彩设计是不可忽视的重要因素之一，其设计方法概括如下。

（一）色彩基调设计

在设计居室纺织品色彩时，常常强调色彩的和谐性，因为和谐的色彩不仅能给居室环境带来秩序感和协调感，同时还能营造出柔和的气氛和情调。在日常生活中，同一空间内的物体多，且造型丰富多变，较难统一，若能将它们统一在一个明确的色彩基调中，则可获得较好的协调性。如图 5-6（彩

图 5-6　相同色彩基调的整体家纺设计

图16）所示的整体家纺设计，整个空间以米白色为基调，靠垫上虽用铆钉表现旦角形象、扇面造型图案，也是通过色调的统一形成极为和谐的视觉效果。

（二）主导色设计

针对一定空间环境中的多件家纺产品，为追求整体效果的和谐统一，又不至于太单调，可选择某一个占据主要空间位置的产品作为主导色，然后再从这一主导产品的色彩出发，按照"求大同、存小异"的原则，保持色相不变。对于一些大面积的装饰，可使用其他纺织品进行明度和纯度的调节变化，而小件装饰品则可选用同类色或对比色，起到对主色调辅助和丰富的作用。图5-7（彩图17）的整体家纺设计，以浅蓝为主导色彩，搭配了少量的无彩色白色、中灰，对比色粉色以及补色黄色，展现出和谐统一的美感。俏皮的旦、丑妆面的融入，为空间输入了活跃和快乐的信息，使其变得灵动起来。

图5-7 以某一色彩为基础的整体家纺设计

（三）色彩对比设计

室内环境中色彩的统一与色彩的对比缺一不可，缺乏色彩对比的统一往往显得过于朴素、沉闷。在统一色调的大面积家纺产品中，穿插小件对比色家纺产品，可起到活跃室内氛围的作用。若家纺产品的纹样和造型等比较简洁、单一，各物品色彩可选择较大对比。图5-8（彩图18）的整体家纺

图 5-8 以对比色为基础的整体家纺设计

设计，选取孔雀蓝、秋香的对比色为系列靠垫的主色调，通过完美的搭配组合，给人明朗轻快的感觉。昆曲乐器、生、旦妆面的图形符号融入，为美式家居空间带来别样的东方文化气息。

（四）定色变调设计

在整体家纺设计中，在各组成部分用色相同的前提下，可以在花型和面积上做适当的改变，此为定色变调。如图5-9（彩图19）所示的整体家纺设计，为蓝、米、淡粉三种色彩的组合，墙面色调以蓝色为底，之上点缀了米色调的装饰画；窗帘色调以米色为底，局部点缀了自由、流动的蓝、粉色线条；沙发、座椅、及靠垫、坐垫的组合以米色调为主，但其中，特别使用了蓝色、粉色的单品来与之搭配；地毯以蓝调为主，但其中米、粉调的色块，为家居空间平添了极为丰富的视角效果，确定了整体家居的风格基调，使之呈现出现代、简洁而又具有文化素养的人文格调。在定色变调的整体家纺设计中，各组成部分虽然图案不同，但由于色彩你中有我、我中有你，同样会产生整体系列之感。

图 5-9 定色变调的整体家纺设计

二、图案设计方法

整体家纺的图案设计是指借助各种大小、形状、风格的图案搭配，形成各家纺单品间的有机联系，一般是运用同一图案的大小、深浅、粗细、形态、构图的不同变化，产生一定的秩序，实现变化中的统一，形成强烈的视觉效果。

家居空间家纺产品设计中常用纹样有植物、动物、几何图形、传统图案等，而这些纹样又有大和小、具象和抽象之分。在不同的家纺产品上运用相同的花型纹样，可以起到互相呼应、相互协调的作用。而将同一花型进行大小、深浅、粗细、形态或结构的不同变化后，再应用于不同的家纺产品，可以实现变化中的统一。

（一）母题重复设计

母题重复设计就是将同一基本纹样用于各种不同的对象，采用不同的排列手法进行设计。如图 5-10（彩图 20）所示，运用母题重复的手法，以中米色的主色调、基本几何造型的款式，同一昆曲视觉元素——团扇纹样在墙布、纱帘、床品上的四方连续、灯罩上的二方连续、装饰画上的单独图形表现，以及家纺产品与墙面色调、浅色现代风格、北欧风格灯具的协调搭配，最终获得了协调而丰富的混搭风格的视觉效果。

图 5-10 母题重复的整体设计

（二）基本图形的组合设计

基本图形的组合设计是指将相同的基本纹样进行不同组合来进行配套设计。如图 5-11 所示，将基本几何纹样的大小、位置、布局进行适当变化后，运用于不同的单体，使各单体的纹样产生连续渐变、起伏交错的各种韵律，形成变化又不失统一的效应，产生协调一致的整体系列感。

（三）正负形的搭配设计

在进行家纺产品整体设计时，若为达到统一协调的效果而将单一纹样简单地重复使用，则会因缺少变化而显得呆板，容易使人产生厌倦感。因此，在追求图案协调统一的同时，还应考虑到图案的趣味性。如图 5-12 所示，

图 5-11 基本图形组合的整体设计

图 5-12 正负形的整体设计

利用相同纹样正负形的方法进行搭配设计，令一定空间内的家纺产品达到变化统一的效果，同时在使产品富于变化的前提下而又不显得杂乱无章。

（四）同一题材的变化设计

题材在家纺产品的配套设计中也起着重要的作用。相同的纹样题材，尽管有时纹样的构图方式和制作手法有所不同，但由于题材本身的独特性及单元体设计的一致性，它们之间形成的总体效果却十分协调。图 5-13（彩图 21）选用昆曲服饰图案五福捧寿为主纹样，并对纹样结构进行不同的组合搭配，与背景墙的中式植物绘画、工尺谱唱词书法相呼应，展现出浓郁的中式古典情调。同时，现代造型家具、灯具、摆件的融入，使该家居空间呈现出中式古典与现代时尚相融相通的新中式风貌。

图 5-13　同一题材的变化设计

（五）定型变调设计

定型变调设计即在花型相同的前提下，将色彩进行适当的调整。如在明度、纯度相同的情况下，变化色相改变色调；或是纯度、色相都变化，完全改变成另外一种色调，如图 5-14（彩图 22）、图 5-15 所示。

图 5-14　定型变调的整体设计（一）

图 5-15　定型变调的整体设计（二）

三、款式设计方法

　　家纺产品的款式是指最终的线条与造型，是将产品依据特定的功能与装饰要求而进行设计的一种外观形态的空间构成。整体家纺的款式设计原则为求同存异。求同是指款式设计时将某种款式特色作为不同功能家纺产品之间的关联要素，重复使用并成为引人注目的设计内容，一般体现在样式、拼接方法、边缘、下摆处理及缝制工艺等方面；存异是指产品款式如同人的服装款式一样，因人、材质、环境和时代不同而不同。图 5-16（彩图 23）所示为利用相同款式制作工艺进行的整体设计。

图 5-16　款式统一的整体设计

四、材料设计方法

整体家纺的材料设计需要综合考虑整体风格，包含产品的种类、产品的使用功能等多方面。对于家纺产品来说，面料既是图案、色彩、款式的载体，又是形成产品必要的物质材料，面料设计对最终的整体设计效果和使用效果的影响至关重要，包括对面料的织造原料、织造方法、织造工艺、性能特点（薄厚、耐用性、悬垂性、挺括性、手感等）、质感风格、二次造型等进行综合性考虑，尤其要结合具体的使用功能及要求来选择。

因家纺产品的功能各异，一定空间内的整体家纺，首先，其面料设计表现为不同材质的混搭设计，理由之一在于满足不同产品的使用功能，理由之二在于获得良好的层次感，而设计的整体效果则通过色彩、图案、款式的呼应来实现。其次，可以选用材质相同的面料来进行整体设计，这样易于获得和谐统一的整体效果，而层次感的把握则通过色彩、图案、款式的变化来获得（图5-17）。也可以选择色彩、材质完全相同的面料来进行整体设计，优

图5-17　相同材质的整体设计

点在于易获得流畅、大气之感，缺点在于易产生呆板、无趣的效果。如利用面料的二次造型，使同一面料在不同产品上表现出平顺、流畅、大气之感，凹凸与细节增加了整体设计的意趣和韵味，获得良好的视觉层次感。

除主面料外，还应选择必须的辅料，如拉链、填充棉、装饰花边以及绳、穗等。整体设计中，辅料在选择时要与面料保持色彩、风格的协调。

第四节　整体家纺设计程序

一、接受任务与资料收集

整体家纺设计是艺术与功能相结合的设计。设计程序一般是先接受任务或有设计思想，然后收集信息资料，进行市场调研，以便掌握与设计任务相关联的第一手资料，如设计现状、市场需求、文化内涵挖掘、流行趋势等。

二、确定设计目标

任何一个任务在实施之前都必须先确定目标，这样才能使所有的工作都指向同一个方向，家纺产品的整体设计也是如此。在设计目标中，一般包括整体风格的确立，以及内容的确定等。

（一）整体风格的确立

设计展开总是从确立整体风格开始的，在整个设计制作过程中，也必须紧紧追随最初所建立的风格展开，这样才能有效地表现设计本身。风格设计要考虑家纺产品与居室的硬装风格、其他软装饰风格的搭配，要使其在一个和谐的空间环境中相辅相成，最终形成所追求的居室风格环境。大多数情况下，是整体家纺风格与居室风格一致，都属于类似的风格流派；也存在整体家纺风格与硬装风格形成对比，最终成为混搭风格的居室空间。

（二）设计内容的确定

一定空间内的整体家纺由哪些单品构成，需要根据空间的使用目的、使用需求、空间配置等因素来确定。如卧室的床品、窗帘、地垫系列，客厅的靠垫、布艺沙发罩、窗帘、地毯系列等。上述所列都是典型的家纺产品，是提及居室空间就一定会想到的产品。然而，在现在的整体家纺产品设计中，仅仅这样还远远不够，要在设计中关注使用者的生理、心理需求，注重细节，这个细节是品类的细节。要使一定空间内家纺产品的品类多样、丰富，除了上述提到的常规典型家纺产品，还要考虑在一定空间内能够搭配的其他产品，如卧室空间的布艺装饰，包括挂袋、纸巾盒、装饰布偶、布艺花瓶等，注重生活情趣与品位的体现。

三、根据设计风格选择图案、色彩、面料材质

风格是设计的灵魂，也是设计所要追求的艺术样式。掌握各种风格以及与其相对应的图案、色彩、面料材质等，才能在设计应用中对特定风格进行准确地表现。一般来说，在整体家纺设计的实际项目中，确定了风格之后，就要针对风格要求进行图案、色彩和面料材质的设计与搭配应用。

（一）主题图案设计

主题图案是整体家纺设计中反复出现的，以各种形式、比例、繁复表达出来的，契合设计主题的相关图形设计。对于整体家纺设计来说，为了更好地表现设计主题，往往会进行主题图案设计。主题图案作为整体设计的视觉中心，可以是单独纹样，也可以以二方连续纹样、四方连续纹样的形式表现；可以同时在不同的品类中将主题图案分别以单独、二方连续、四方连续的形式做变化，也可以与主题图案相辅相成的其他纹样相配合。

（二）色彩与面料材质设计

远看颜色近看花，色彩对于家纺产品的重要性不言而喻。对于整体家纺设计来说，要有一个整体色调，最大面积的色彩决定整体设计的色彩基调，在此基础上，或相近、或相邻、或对比、或互补等形式搭配，呈现生动的视

觉效果。同时，相同色相而材质不同所呈现出的色彩表情也不相同，所以在色彩设计时，面料的材质选择往往要同时考虑。

四、根据设计风格进行款式设计与设计表现

整体家纺的款式设计首先应满足实际使用功能的要求，在此基础上，可根据具体的风格进行艺术化和个性化的设计表现。不同风格的家纺产品在款式方面有很大的区别，因此，要在充分理解风格样式的基础上进行整体设计框架内各单品艺术化的演绎。同时款式设计需要配有设计手稿、设计说明，需要绘制款式设计图和应用效果图，通过这些图形直观地表达设计思想，为后续的工作提供直观的印象和数据。

款式设计是整体家纺开始从整体设计向单品设计的过渡。在进行款式设计时，虽然是单品设计，但是始终要有整体的设计理念贯穿其中。

首先，注重视角整体，将整体家纺使用的空间作为家纺产品演出的舞台，其中有主角、配角的表演，要确定哪个单品作为主角呈现，哪个单品作为配角呈现。作为主角的单品要具有强烈的视觉焦点，于是其色彩、图案、款式细节、工艺细节等都要为突出视觉效果而服务；作为配角的单品则要低调而简洁，与主角在色调、图案、款式细节等方面相搭配，又要能够突出主角单品，注重局部细节的匠心独运，虽不是最抢眼的单品，但却可能是最被喜欢的单品。

其次，在款式设计中，要同时考虑诸多因素的配置，如款式与工艺的契合度，经济性、工艺表现与产品市场价格定位的关系，单品款式设计中对功能的保证与优化，对产品使用性的优化配置，每一个单品如何表现主题形象，如何使主题形象与其他纹样在整体家纺产品设计中、在每一个单品的设计中呈现出水乳交融的一体化视觉效果。

最后，款式设计中的主题图案，包括主题图案如何表达，是平面表达还是立体表达，亦或整体平面、局部立体的融合表达；当平面表达时，采用何种装饰工艺，是印花、贴布，还是刺绣、手绘，或是多种工艺相结合来表现，这些工艺同时又与舒适性、使用性相关，而舒适性、使用性又与面料材质相关。也就是说，款式设计是整体家纺设计中从整体向个体过渡的过程，在这个设计中，既要有整体设计的理念，同时又要注重每一个个体的特点与品质。

五、成品工艺

家纺产品的成品工艺是指根据设计图所表现的造型特征和效果，通过结构设计、缝制工艺使设计结果实物化的过程。这个过程首先要根据使用空间、使用目的、人机工程学等来确定产品的规格尺寸，研究立体形态与平面结构之间的转化原理与操作原则，将设计好的平面结构制作成样板，根据样板裁剪面料和辅料，然后按照科学合理的工艺流程完成实物的成品缝制。

六、整体家纺设计中的布艺小品设计

整体家纺设计讲究品质、注重感受，可以通过品类多样化的家居布艺小品来实现，如布艺玩偶、布艺花瓶、纸巾盒套、挂袋等。布艺玩偶已经成为现代人非常喜爱的玩具，在家居空间中，不只是儿童房、婴儿房，就是在成人的卧室等空间中，也会用布艺玩偶来调节空间的氛围与情调。目前的市场现状是，布艺玩偶一般会被当作单独的文化小品、玩具来售卖，而不是专门针对整体家纺而设计的配套布艺玩偶。消费者只能根据自己的喜好、审美和理解为空间来选配。如果在整体家纺设计中不仅考虑典型产品，同时加入注重设计、感受且与整体家纺配套的布艺玩偶，可大大提升了家居的趣味性与情调，尤其是一些有文化语义的布偶设计，如昆曲布艺人偶（图5-18，彩图24），则在表达情调、情感的同时，更能提升整体家纺的文化内涵。而且，对昆曲布艺人偶的设计，可以进行功能拓展，与现代电子声效等技术结合，为受众提供视觉、听觉、触觉等多重感受，进而提升

图5-18 昆曲布艺人偶

产品的互动性，使受众产生丰富的心理情感。

我国目前的市场，从设计层面忽视了布艺搭配小品的设计，设计师关注最多的是床品四件套、六件套等床品套件的设计。在专卖店，为了营造视觉效果，产品专柜往往是选择市场上现有的软装配饰进行简单的搭配。然而，消费者对于搭配小品的兴致大大多于主产品，这也侧面反映出主产品与搭配小品之间的关联度不足，而这正是整体家纺设计中的缺失。未来的设计，对人的生理、心理关注越来越高，开发布艺小品的品类、优化布艺小品的设计，将是家纺品牌创新发展的一个突破点之一。

第五节　基于昆曲艺术视觉符号的整体家纺设计表现

整体家纺的设计构思需要用设计图表现出来，设计图中要强调设计的新意与产品的具体形态。设计师将新款产品准确、生动地描绘出来，使后续技术人员能够根据设计图所提供的预想效果，有把握地明确设计款式。设计图除了体现设计师的设计构思外，还为结构、工艺提供指示，使制板师和打样员能够按照设计图的要求制作样品。因此，绘制设计图必须准确把握各部位造型、尺寸及其他关键工作要点，从而使成品在艺术上和工艺上都能完美地体现设计构思。整体家纺的设计表现形式包括效果图、平面款式图以及相关的文字说明。

一、设计效果图

设计效果图用于准确表现整体设计构思的效果、产品的轮廓造型、面料的肌理质感、色彩与图案的装饰效果。整体家纺效果图表现时，会同时表现家纺所服务的室内空间以及空间内其他的软装饰，对于这部分内容，可以用单色勾线的表达方式，以区别于彩色的家纺产品，从而能够突出主题，更好地展示整体家纺的设计效果，如图5-19（彩图25）所示。

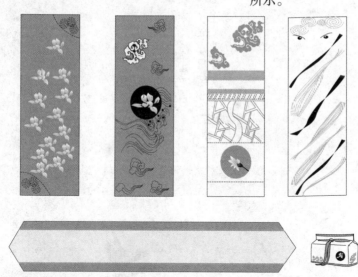

图 5-19　整体家纺的设计效果图

二、平面款式图

平面款式图用来准确表达产品的平面形态，包括轮廓线、结构线、各部位的比例、复杂结构或细节设计的放大明示，要求各个部位的形状、比例必须准确反映产品的规格，以利于后续打板师的工作，如图 5-20（彩图 26）所示。

图 5-20　整体家纺的平面款式图

三、设计说明

对于有些不能用图形表达的内容，如设计意图、灵感来源、设计重点、工艺制作要求及面料、辅料的要求等可用文字清晰地表述。设计说明要注意图文结合，全面而准确地表达出设计构思要求等，但字数不宜过多，一般在200 字左右。

第六章

基于昆曲艺术视觉符号的
家纺产品造型工艺

设计艺术是艺术与科学相结合的产物，设计离不开工艺的支持，家纺产品设计也是如此。家纺产品造型设计与造型工艺，就是通过造型工艺方法和手段来综合体现家纺产品的艺术形式美。其中，造型设计是灵魂，是家纺产品的构成框架模型，具有丰富的寓意和内涵，而造型工艺则是表达产品三维设计美的综合手段，它包括对家纺产品创作设计图的审视、材料创造、结构制图、排料裁剪、缝制整理等内容，其理论涵盖了家纺产品造型设计学、纺织材料学、家纺设计美学、家纺结构设计学、家纺生产工艺学等方面的学科知识，是将艺术与技术相互融合、理论与实践密切协调的实践性较强的综合学科，是家纺产品设计二维观念转化为三维造型实体美的不可缺少的工艺过程，是实现设计的重要组成部分。

家纺产品的造型工艺是实现家纺产品设计美的基础，其中的造型要素是物质载体，造型工艺方法则是把物质载体通过一定的工艺方法和造型手段来达到视觉效果和实用功能的途径，主要涉及两方面内容，分别为用于实现家纺产品装饰效果的造型工艺和用于形态塑造的造型工艺。

第一节 用于实现家纺产品装饰效果的造型工艺

从实现家纺产品装饰效果的工艺角度来分，装饰工艺主要分为用于实现平面装饰效果的造型工艺和用于实现立体装饰效果的造型工艺。

一、用于平面装饰的造型工艺

（一）印花工艺

印花是通过印的形式，把预先设计的图案一次或多次分层印刷在被印物上，以达到装饰目的工艺形式。印花最常见的是批量面料印染形成的印花图案，但随着大众对个性化、多元化家纺设计的需求，用手工或机器印制在单个裁片上的印花工艺越来越流行，常用的方法有丝网印花、转移印花、数码喷墨印花等。

印花工艺的优点是工艺，手段直接，图案完成度高且精美细腻，在家纺设计中使用非常广泛。如图 6-1 所示的靠垫，通过印花工艺来表现具有江南韵致的图形符号，将吴门画派风格的花鸟元素、昆曲服饰工艺装饰元素以及中国剪纸的表达方式进行重构，线条流畅、颜色艳丽、纹样精致清晰，获得了良好的层次感与立体感，使作品富有与昆曲艺术一样的视觉张力与文化意蕴。

图 6-1　印花工艺靠垫

（二）手绘工艺

手绘工艺是指用一定的工具以手工蘸取染料在织物上直接描绘花纹的工艺方法。手绘图案不受机械印染中图案套色与接回头的限制，方便灵活，可按设计需要绘制出有特色、有个性的面料。织物手绘工艺不仅要求作者具有较高的绘画技巧，了解各种织物的特性，还要有娴熟的染料使用技巧。手绘技法丰富多变，图案具有不规则性和随意性，其自由度和独特的后处理工艺使作品既有绘画般的艺术效果，又是实用的居室佳品。如图 6-2 所示的家纺产品，运用国画、水彩画表现技法，呈现出极具特色的抽象似为具象、具象似为抽象的昆曲艺术妆面形象，与昆曲的艺术审美趣味异曲同工。

图 6-2　手绘工艺家纺产品

（三）扎染工艺

扎染古代称为绞缬，是在同一织物上运用多次扎结、多次染色的工艺方法。操作过程是先用捆扎、缝线、缠绕、打结、折叠等方法使织物不需染色的部分产生防染保护作用，之后浸染、固色，当松开扎线后，便形成了具有多层次晕色效果的扎染花纹布。扎染图案自然抽象、风格淳朴、韵味独特，每一幅作品都不相同，具有其他印染技法都无法获得扎染图案的色晕效果。利用扎染工艺设计家纺产品时，应充分体现图案的特点，相对款式设计可以

图 6-3 扎染工艺靠垫

更为简洁。如今的扎染工艺已从传统的单色工艺发展为能够获得多彩视觉效果的多色工艺。如图 6-3 所示的家纺产品，设计灵感源于昆剧表演的视觉风格元素，利用多色扎染工艺获得了绚丽、写意、自然的视觉效果，就好像浓墨重彩的昆剧舞台、靓丽的角色等外在形象背后所蕴含的含蓄、写意而自然的特征。

（四）蜡染工艺

蜡染古称蜡，与绞缬（扎染）、夹缬（镂空印花）并称为我国古代三大印花技艺，是我国古老的民间传统纺织印染手工技艺。其操作过程是用蜡作防染材料，蜡刀蘸熔蜡后绘花于布上，然后以蓝靛浸染，布面就呈现出蓝底白花或白底蓝花的多种图案。同时，在浸染中，作为防染剂的蜡自然龟裂，使布面呈现特殊的"冰纹"，尤具魅力。蜡染图案丰富，色调素雅，风格独特，用蜡染面料制作的家纺产品朴实大方、清新悦目，富有强烈的民族特色（图6-4）。

图 6-4 蜡染图案

（五）夹染工艺

夹染在古代被称为夹缬，是指以镂空花板将织物夹住，先涂浆粉（豆浆和石灰拌成的防染剂），干后再染色、吹干、去浆，从而获得所需花纹的工艺方法。夹染花板采用手工镂空刻，要求整体相连不断开，必须是以短线、圆点等基本造型组成的图案。夹染图案一般为对称花纹，多显示为四方连续纹样，分蓝地白花和白地蓝花两种。最为著名的夹染作品是温州地区、清代晚期至民国中期的婚用被面，其装饰纹样以昆曲戏文为题材，并辅以花鸟瑞兽等大吉祥纹样，图案所呈现的昆曲人物都是全身形象，作品轮廓概括而完整，但头部的细节特征几乎很难表现，这与中国传统的图案审美习惯相关（图6-5）。

图6-5 以昆曲戏文为题材的夹染图案

（六）绣花工艺

绣花也称刺绣，是用针和线在布、编织物、皮革等材料上表现图案装饰技巧的工艺方法。刺绣历史悠久，应用广泛，派别风格明确。传统刺绣工艺是以彩色丝、棉线在丝质绸缎、绢、纱、棉布等面料上采用多种针法绣制。而在现代创意织物应用的刺绣工艺，无论是材料的选用还是针法的运用，都比传统工艺更加活泼自由，不拘一格。绣花工艺的针法归纳见表6-1。

表6-1 绣花工艺的针法归纳

序号	名称	图示	工艺方法
1	轮廓绣		轮廓针法也叫轮廓绣，因其制作出来的刺绣线条犹如一条绳子，所以也叫绳状绣。一般用于线条的展示和制作绣图的轮廓。操作时，注意线迹的绕行方式其实就是回针的背面，只是线迹在绕行时一直处于缝针的一边，或上或下，最终形成如绳状纽在一边的线迹
2	辫子绣		辫子针法也叫辫子绣、链式针法，其线迹一环套一环如辫子状、锚链状。操作时，先用绣线绣出一个线环，再将绣针压住线后运针，绣成链条状
3	菊叶绣		菊叶针法也叫菊叶绣，一般用于表现叶子和简单的花。操作时，关键点是在出针点再一次入针，并在对面1cm左右出针时将线绕针上拉出，形成一个弧度好看的线圈并固定
4	穿环绣		穿环针法也叫穿环绣，操作时先做平针，然后在针距空处用第二种色线补成回针状，再用第三种色线穿绕成波浪状，最后用第四种色线按统针穿绕，补充波浪线迹的空白，组成连环状
5	绕结绣		绕结针法也叫绕结绣，是回针与锁针的结合。操作时，先用半回针做一个内圆，在这个圆的基础上，用锁边的方法，从外缘缝至内缘，再将针尾的线绕一圈，套住针头将针抽出，如此循环。每针间距较大，形成一个外缘，要求各圆间距相等，每针长短一致
6	假缝鱼骨绣		从三角针变化而来。用于花纹或产品边缘做装饰，可用单色或双色线缝制。操作时先将三角针缝好，再用另一色线在三角针的点上纵向缝一针。要求每针大小一致、间距相等，点缀的另一色线长短一致
7	雕绣		雕绣也叫挖空绣，主要用于装饰性较强的挖花及绣花处，将裁片及贴花边缘的毛边锁光。操作时，将针自左向右底通过裁片毛边向内锁紧，锁线停留在布上。拉线时拉力要均匀，锁线排料紧密而整齐。用雕绣工艺来刺绣图案的边缘，然后将空白部用剪刀剪掉成镂空状，这样的工艺花地分明，图案清晰，立体感强，更能突出花纹的秀美、雅致。雕绣工艺有一定的难度，一般用于比较高档的家纺产品中

序号	名称	图示	工艺方法
8	缎绣		缎绣是绣花中最常用的手法之一。将绣线按照图案的轮廓线依次填满刺绣，可以平绣、斜绣或按花纹的脉络来绣，也可以包芯绣，使花的形态生动饱满
9	打籽绣		打籽绣也称"打籽"，是传统刺绣针法之一，主要运用于苏绣。操作时，在绣地上绕一圈于圈心落针，也可绕针二三圈，于原起针处旁边落针，形成环形疙瘩，形成一粒子。绣制顺序一般是由外向内沿边进行，子与子的排列要均匀。此针法可用于花蕾，也可独立用于花卉等图案
10	十字绣		十字绣又叫十字挑花，是根据布料的经纬纱向，按预先设计的图案，用许多小的、成对角交叉的十字形针迹绣成。线有单色、多色之分。十字绣针迹要求排列整齐，行距清晰，大小均匀，拉线轻重一致，常用于床上用品、餐厅用品、壁挂等家纺产品的装饰
11	剁绣		剁绣也叫俄罗斯刺绣，是中国民间刺绣的一种，曾经在20世纪60、70年代盛行于中国的东北与西北地区。这种刺绣需要专门的绣针，操作时，按预先设计的图案，将特种绣针穿好线后沿图案线迹向内垂直戳针，边戳边拉线，并保持线迹的均匀。刺绣效果一面花纹高出布面，呈毛圈状（剪开即为毛绒），另一面是平缝针迹，两面都可以作为装饰面。常用于抱枕、靠垫、布艺包、壁挂等家纺产品的装饰
12	混合绣		在一件绣品上使用多种刺绣方法叫混合绣。如今，单一的绣法已经难以满足消费者对刺绣家纺产品日益提升的审美需求，尤其是新材料、新技术的发展，为装饰的多元化表现提供了各种可能性，因此，现代家纺产品生产常常会结合现代工艺、材料，用多种刺绣形式来进行表现

刺绣作为一种传统精致的工艺手法，使家纺图案的造型更加美观。如图6-6所示的家纺产品，利用刺绣工艺来使昆曲服饰图案元素与典型江南荷花元素重构，针脚呈现的凹凸质感使刺绣图案呈现出反光效果，所形成的肌理别有一番靓丽而典雅的韵味，有效提升了作品的工艺美感，

图6-6 刺绣工艺的手提包

使其具有强烈的装饰意味。

（七）编结工艺

编结是用绳、线、条带类纤维材料经过结、织、钩等技巧，按照一定的组织规律做相互浮沉交织处理后形成图案的工艺方法。因采用原料不同、组织规律不同、色彩不同，而形成变化多样的织物效果。如图6-7所示的家纺产品，采用素雅的灰色底调，其上采用经纬向沉浮交织、两两互为间隔、明度与纯度变化的布带，形成别致的装饰效果，隐喻江南园林文化中虚实通透的窗格。右下角简洁、精致、色彩

图6-7 编结工艺的抱枕

亮丽、中式韵味浓厚的品牌标识的刺绣图案，在对受众强化品牌印象的同时，又为作品带来了清淡之后的一抹惊艳，正仿佛昆曲表演雅意的核心与靓丽的角色所在。

（八）拼贴工艺

贴布工艺是指贴布时将不同于底布的、有各种图案和造型的裁片经裁剪后处理成光边或毛边，然后固定在产品的底布裁片上；四周使用色线做平针、回针、锁边针、三角针、包梗绣等各种针法来固定、缝制的一种工艺方法。这种方法操作时，还可以在贴布图案内塞入棉絮，使产品产生浮雕感的效果。贴布图案要根据不同织物的特性和整体构思来设计，注意贴布花型要避免有太尖锐的边缘，一般适合选择圆滑线条或大方而又有立体感的图案。如图6-8所示的贴布装饰壁挂，以昆曲红楼梦的金陵十二钗为设计灵感，结合当代卡通文化而设计的卡通人物造型，并用贴布工艺表现在布艺装饰壁挂上，使产品更好地契合年轻一代的审美偏好，并能够传达出传统的意蕴和典雅的特征。

拼布工艺是指利用不同色彩、不同图案、不同肌理的材料拼接成规律或不规律的图案的工艺方法。这种工艺起源于多余零碎布料的缝接，如我国民间有做"百衲被"的习俗，当家中有小孩满月时，亲朋好友都会送来一片片手掌大的布，由小孩的母亲将这些布缝缀起来给孩子做成"百衲衣"或"百

图6-8 贴布图案

衲被", 以希望孩子不娇惯、好养育、长命百岁等。现在, 拼接图案已成为时尚艺术品, 利用五颜六色的小布片、不同的拼接方法表现出各种风格 (图6-9)。

(九) 饰物装饰工艺

饰物装饰是指用亮片、珠子、几何形片、盘线、纽扣、一定形状

图6-9 拼布工艺家纺

和色彩的纺织材料、花边等，直接缀缝在裁片上起装饰作用的工艺方法，既可以随意缝缀，也可以按照一定的图案、规律进行制作。经过这种方法处理后的面料，可以得到具有一定立体感的图案效果，在整个家纺产品中起到画龙点睛的作用。如图 6-10 所示的家纺产品，以一定的折线排列方式，将带有毛边的各色花边缀饰在深沉宝石蓝底色、致密

图 6-10　花边装饰工艺的靠垫

质地的贡缎材质表面，既现代简洁又富有装饰性，尤其呈现出注重细节、追求精致的设计特点，无疑是既符合现代审美又具有古典意趣的优良作品。

饰物装饰工艺的工艺方法归纳见表 6-2。

表 6-2　饰物装饰工艺的工艺方法归纳

序号	名称	图示	工艺方法
1	珠片装饰		珠片装饰是指将合成树脂、金属等材料制成的富有光泽的薄片、珠粒、珠段，根据图案的要求，分散或成串地将珠子穿钉在图案上。较大颗粒的珠子可以用双线穿钉，扁形的珠子或珠片可以用环钉的针法，也可以在上面加一颗小珠粒封钉。珠片装饰绚丽多彩、富丽堂皇，常用于壁挂、窗帘、靠垫和抱枕等高档装饰
2	扣装饰		扣装饰是指运用各种材质的纽扣、中式盘花扣、包扣等，缀缝于家用纺织品的某些部位起装饰作用。特别值得一提的是，中式盘花扣是我国的传统纽扣，既实用又有装饰、点缀作用，由斜料裁片缲成纽襻条后经编结而成，由纽襻和纽头两部分组成。盘花扣在家用纺织品中可以组成各种图案，千姿百态，为居室增光添彩
3	立体花装饰		立体花装饰是按照图案和设计意图将布、呢料、绒线、纽扣等材料，采用剪贴、折叠、盘绕等方法做出立体感的花型和图案。此工艺一般会将手绣、机绣结合使用，常用于床上用品、靠垫等

序号	名称	图示	工艺方法
4	缎带绣装饰		丝带绣是将丝带、缎带作为绣线，绣贴于布面的刺绣形式。工艺简单，充分利用了丝带的宽度和质感，图案具有明显的立体感，常用于靠垫、屏风、装饰画和床上用品等室内装饰上。丝带宽度一般选择 0.3~0.5cm

如图 6-11 所示的家纺产品，通过饰物装饰工艺，将布片、花边、纽扣、珠片、缎带等各种附件材料装饰于表面，形成具有立体感、浮雕般视觉效果的精彩图案，使产品呈现出绚丽、热烈的风格。如今，科技的日新月异，使天马行空的创造性思维得以实现，家纺产品设计的手段越来越多，图形符号的设计实现工艺也更加让人惊喜。

图 6-11　饰物装饰工艺

（十）镂空工艺

镂空是在织物上挖出具有通透效果的花纹或者几何图形的工艺方法，这种方法灵感源于雕刻技艺，使用镂空的造型方式可以使织物具有特别的视觉效果。如果以不规则的几何形作为镂空的素材，用具有强烈对比的质感或色彩的织物作为背衬，可以给人一种随意变化的透视感，也使对比显得和谐而富有趣味。如果以精致的花纹作为镂空的题材，不管是否运用背衬材料，都会给人一种细腻而精美的质感（图 6-12）。

（十一）抽纱工艺

抽纱是根据设计的意图，将织物抽去一定的经纬纱线，使织物产生一种朦胧或者颓废感觉的工艺方法。这是织物特有的一种造型方法，抽纱在织物

图 6-12　镂空工艺的布艺灯罩

的边缘应用时
会产生毛边，
可以传递一种
颓废、随意的
视觉信息，也
可以形成流苏
效果，给人以
怀旧与精致的
感觉。抽纱
组织若局部使
用，可以达到
与镂空相似却
独具风格的、
若隐若现的、
梦幻般的效果
（图 6-13）。

图 6-13　抽纱工艺的壁饰

二、用于立体装饰的造型工艺

（一）褶皱法造型工艺

褶皱是家纺产品造型中常用的工艺手段，是将面料按照造型需要进行捏、折、叠等处理，使平面的面料产生立体造型效果，从平面到立体，用不同的造型手段贯穿家纺设计形象的创意过程，在家纺造型过程中具有特殊性、多样性以及不可替代性。褶皱法造型包括抽碎褶、打顺褶、打对褶以及面料表面的抽皱工艺等，表6-3进行了总结归纳。

表6-3　褶皱法造型工艺的工艺方法归纳

序号	名称	图示	工艺方法
1	抽碎褶		在面料边缘缝线、拉线，将平面面料通过抽缩工艺转换成立体面的工艺方法
2	打顺褶		打顺褶也叫顺风褶，是一种在织物上分量折叠，并将折叠的褶纹向同一方向重复排列的工艺方法
3	打对褶		打对褶也叫阴阳褶，是一种在织物上分量对折，并将折叠的褶纹重复排列的工艺方法
4	抽皱工艺		抽皱工艺是指在面料背面用缝线按照一定的规律扎起几个点，然后抽紧，使面料表面起皱、凸出以形成有规律的凹凸肌理效果。当面料的质地过于轻薄时，使用这种方法可以使处理后的面料获得超出想象的厚度感

如图6-14所示的靠垫产品，采用白色贡缎面料、抽碎褶工艺，使具有如意纹刺绣图案的圆形中心面与单色的矩形侧边缝合，并在缝辑处加入嵌线工艺装饰细节，形成具有褶皱效果的立体曲面。在实现造型设计的同时，丰富了家纺的层次感和表现力，获得了更具现代感，而又具有中式古典意味的艺术效果。

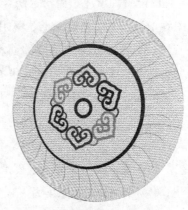

图6-14　抽褶法工艺制作的靠垫

（二）层叠法造型工艺

层叠法是融合剪裁、拼接、折叠、缝纫等方法，具有较强随意性的工艺手法，它可以采用多种材料为元素，剪裁或折叠出各种造型，最后以手工或机器缝纫的方法，将其拼接在一起，此工艺制成的织物具有很强的层次感。如图6-15所示的靠垫产品，采用层叠法进行了表面的局部装饰，使原本比较平淡的设计呈现出绚丽、有层次、具有设计感的审美特征。当然，在进行追求肌理和质地变化的造型设计时，要注意以家纺产品的实用性为前提，装饰要以恰当的比例和方式加以运用。

图6-15　层叠法工艺制作的靠垫

（三）填充法造型工艺

填充法是包括缝纫、填充、包裹等方法在内的、灵活性较大的工艺方法，是由多层平面借助缝边工艺与包裹填充物完成的。一般包裹填充物的外部材料种类多样，可形成一定的填充空间，其线型的塑造既可呈现一定秩序感的规则形状，如锥体、立方体等，也可呈现不规则的形状，如馒头状。外部面料、填充物性能都对填充体造型有一定的影响，设计时可以根据需要进行合理的配置。填充法用于家纺产品，能够产生韵律感和多变的层次造型。如图6-16所示的坐垫家纺，采用填充工艺，使表面每一块不同的面料如馒头般鼓起，柔软而有弹性，很好地契合了家纺产品的使用性要求，并形成了色彩、图案相关又有变化的拼布效果，在实现造型设计的同时，利用工艺手段优化了家纺产品的表现形式，获得了更为丰满的视觉感染力。

图6-16　填充法工艺制作的靠垫

第二节　用于家纺产品形态塑造的造型工艺

家纺产品的形态塑造，是通过造型工艺的结构设计方法来设计二维结构图，绘制样板，然后按照样板裁剪面料，获得二维的平面裁片，并通过缝制工艺方法将裁片转化为三维的成品形态，即实现设计思维的工艺表达。为此，必须进行家纺产品结构设计与缝制工艺，并就实际来研究结构设计、工艺设计的合理性，研究它们与设计思维的契合度。不仅如此，还要从结构、工艺的技术层面进行家纺产品的宜人性和使用性研究，最终通过造型工艺使初始设计思想得以圆满实现。

一、形态塑造与结构设计

如前所述，家纺产品的结构设计是指依据造型设计图，按照一定的计算方法、绘划法则及变化原理，转化立体造型为平面结构，并绘制平面结构图的一种设计形式。所绘制的平面结构图被简称为结构图，是传达设计思想，沟通裁剪、缝制、管理等部分的技术语言，是组织和指导生产的桥梁。结构设计过程往往包括设计图的审视、规格设计、绘制结构图以及样板设计四个环节，每一个环节，都与家纺产品的形态塑造密切相关，在结构设计过程中，只有时刻关注结构设计与初始设计思想的一致性，才能做到艺术与技术的真正统一。

（一）家纺产品结构设计的再探讨

1. 对设计图的科学审视

尽管家纺设计图是结构设计时的主要依据，但每个设计师在表现手法上具有不同的风格和个性，他们画在设计图上的轮廓线、造型线、分割线的比例与家纺产品实际的比例会有一定的差异，与家纺成品的尺寸规格也存有一定的偏差，因此，要求制板者要认真审视设计图，并着重注意以下几个方面。第一，是对整体外形轮廓的观察。产品是规则几何体还是不规则体，是两片平面裁片直接缝合还是中间拼接了一定厚度的裁片，外廓线是直线形还是弧线形，是否有褶皱，褶皱的造型形式等。第二，是对家纺分割线条的观察。观察整件家纺的裁片分割线造型和比例，褶裥的数量、位置和形状，分割线的走向和在上面缉线的情况；裁片的组合结构和所采用的缝型等。第三，是对部件、附件设置的观察。观察家纺产品的工艺装饰细节的造型、尺寸、位置以及工艺措施等。第四，是对特殊部位、重点部位造型的观察。观察家纺的开合方式，是否有拉链，拉链的类型与工艺措施等。

2. 被制约的规格设计

家纺产品的规格设计主要是设计其外轮廓尺寸，这类尺寸受使用空间、目的、对象的制约。如床品尺寸要受床具尺寸的制约，窗帘尺寸要受墙面尺寸的制约；而靠垫规格尺寸确定时，需要综合考虑使用空间中的沙发与靠垫的比例关系，考虑靠垫自身长、宽方向的比例关系，考虑沙发尺寸对靠垫规格的影响与制约，使用者约定俗成的使用习惯，以及平面的靠垫套填充棉芯后，因厚度增加而引起的长宽尺寸变化等因素。

3. 绘制结构图中的小规格

家纺产品的分割线分割比例、装饰细节的尺寸和定位以及立体与平面的对应关系等在设计效果图中是不反映的，但在平面裁片的结构设计中必须准确设置。除绘制规格设计的外廓尺寸外，还要绘制附件和部件的尺寸，如各分割裁片的各边长尺寸、安放部位、定位尺寸、装饰细节的各部分尺寸、拼贴图案的总体尺寸和各分片尺寸等。

4. 样板设计的工艺合理性

样板设计是将结构设计所得到的家纺平面结构图，按照 1∶1 的比例绘制，并加放一定的缝制余量（缝份）而制成纸质样板的过程，是后续裁剪工艺的依据。家纺产品的样板设计符合纺织服装结构设计的普遍规律，但有两方面的问题常常被忽略。第一，是加放缝份的合理性。一般面料常规加放1cm 缝份，但是随着面料质地、裁片结构、位置的不同，缝份加放量则会做相应的调整：各类家纺产品的成型底边需要加放不小于 10cm 的缝份；疏松易脱丝的面料需要加放 1.5cm 的缝份；曲线边裁片加放 0.7cm 的缝份；对于比较微小的曲线裁片，如布艺人偶的头部、身体、四肢裁片，视面料质地的紧密与否，原始加放 0.5~0.7cm 的缝份，当成型后，需要通过工艺修剪，使其缝份在 0.3cm 左右。第二，是工艺样板设计的合理性。家纺产品的装饰工艺较多也比较复杂，即使是一件小小的靠垫，也可能具有很多的样板，这些样板主要由裁剪样板和工艺样板组成。其中的裁剪样板，用于面辅料的裁剪，而工艺样板，用于后续缝制工艺过程的定型定位等，与裁剪样板同样重要，不可忽视。下面以一款具有贴布装饰工艺的靠垫套样板为例加以说明。

如图 6-17 所示，该款靠垫套为长方形，正、背面采用单色亚麻面料，在靠垫套正面应用五种不同面料镶贴拼布象的图案，靠垫四周装嵌条，嵌条内充帽带，背面装拉链，规格尺寸为 60cm×50cm。

该款靠垫套的样板包括主体面料的样板和拼贴象的样板。拼贴象工艺要求细致，成型准确，所以该拼贴装饰图形部分不仅需要裁剪样板，同时也需要能够定型的工艺样板。图 6-18 为拼贴象的定位尺寸与关键定型尺寸，据

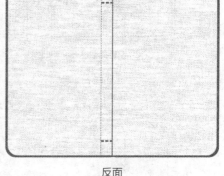

正面　　　　　　　　　　　　　　反面

图 6-17　拼贴象靠垫款式图

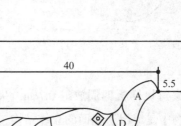

图 6-18　拼贴象图案的定型、定位尺寸

此，设计了靠垫套拼贴象的裁剪样板和工艺样板，分别如图 6-19 和图 6-20 所示（其中 A、B、C、D、E、F 为不同面料的标号）。

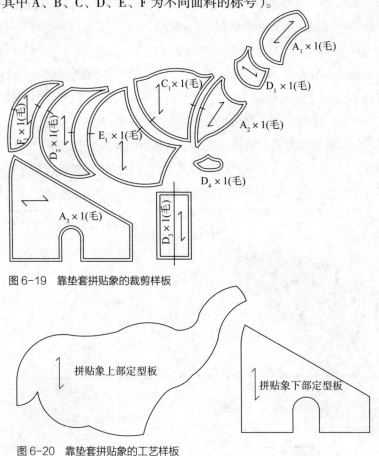

图 6-19　靠垫套拼贴象的裁剪样板

图 6-20　靠垫套拼贴象的工艺样板

拼贴象每块样板四周放缝 0.7cm，尖角处尖角削平并放缝 1.1。象牙、象尾在实物中是突出于表面的立体结构，所以裁片分别为两片和对折处理。拼贴象曲线轮廓居多，为了保证工艺制作时的准确度，较长曲线样板在中部作对位剪口。

（二）造型设计与结构设计的契合

家纺产品的造型设计思维由造型工艺来表达，两者完美地契合，是优良设计的一个标志所在。本文以压床娃娃产品的设计为例来进行该理念的解析。

1. 压床娃娃的优化设计

现代家居软装饰发展迅速，其中的婚庆用装饰——压床娃娃，由于契合中国传统的压床习俗，寓意新人幸福美满、早生贵子、百年好合，更是呈现出越来越强的需求态势。如今市场上的压床娃娃，大多为二维平面结构的大头娃娃或是三维动物人形的毛绒玩具，造型简陋，用材粗糙，与玩具的功用相混淆，没能成为婚房之中的点睛之品，更没能很好地传达中国传统文化的深层涵义。同时，人形结构也产生了过多的分割，使工艺成本增加的同时又减弱产品牢度，使其失去了床上用品应有的可倚靠功能。

针对这个市场现象，我们对压床娃娃进行了优化设计，将娃娃元素、昆曲人物造型元素以及抱枕家纺产品优化组合，设计了如图 6-21 所示的整体结构的昆曲人物造型的压床娃娃抱枕，巧妙地将造型设计的美与结构设计的巧融合在一起。

压床娃娃抱枕套面采用丝质大缎制作，由整体结构侧面和圆形底面两部分组成，为了增加产品的牢度和利于成型，抱枕套侧面粘贴有纺黏合衬，而底面则粘贴树脂衬。抱枕套面的整体结构侧面为图 6-22 所示的无分割对称式类扇形裁片，在该裁片上，利用数码印花工艺将昆曲人物生、旦造型的平面展开图喷印其上，平面展开图突出表现为角色的头饰、妆面、服装等具有昆曲艺术特色

图 6-21　压床娃娃抱枕的主、俯、左三视图

的元素图形。它的设计是综合考虑了造型与结构的关系，将两者巧妙结合后得到的。

由于是整体结构的侧面，分割线极少，所以后续缝制工艺过程简单，只需要对侧面裁片后中缝合边、头部缝合边的两道工艺缝合，就可以形成上圆顺封闭、下端圆形开口的类圆台立体空间，将其下端圆形开口与圆形底面缝合、充棉、封口后，就获得了整体结构的昆曲人物抱枕（图 6-23）。

图 6-22　压床娃娃抱枕套面整体结构侧面的结构

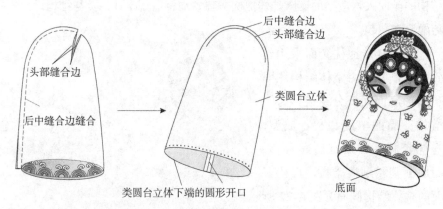

图 6-23　压床娃娃抱枕的缝制工艺示意图

　　整体结构的昆曲人物抱枕，造型圆润，色泽柔美，图案传统精致，具有突出的中国特色与文化内涵，非常适合我国新人的婚房空间。侧面的整体结构设计，方便数码印花，利于满足不同消费者的个性定制需求；节约工艺成本，获得良好的经济效益；增强产品牢度，使其在装饰功能之外还具有可依靠的抱枕功能。

2.压床娃娃优化设计的延伸

　　压床娃娃优化设计的延伸主要表现在提升产品的功能性与使用性。在压床娃娃优化方案的基础上，为了提升压床娃娃的功能性与使用性，将设计进一步优化，优化方案包括：将压床娃娃抱枕套设计为有夹里的结构，包括真丝大缎的面料层和具有一定弹力、可变形的针织面料的里料层；类扇形侧面缝合后形成类圆台立体空间，其下端圆形开口与圆形底面之间通过隐形拉链拉合；压床娃娃内芯设计为上下抽口的多件圆筒形布袋，袋内可填充具有吉庆涵义的枣、栗子、花生等食物，也可填充象征爱情、具有凝神静气、保健功效的薰衣草等干花颗粒，还可以将内芯取出，利用其内部空间来收纳卧室内各种软质的生活用品（图6-24）。

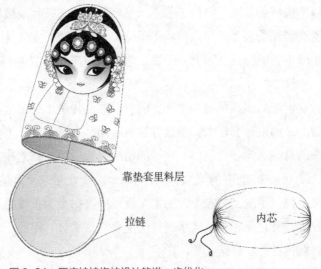

靠垫套里料层

拉链

内芯

图6-24　压床娃娃抱枕设计的进一步优化

进一步优化后的压床娃娃抱枕，提升的产品的功能性与使用性，不仅便于清洗，而且可随时置换内芯，扩充了产品的使用功能。在新婚喜庆之时可填充具有吉庆涵义的枣、栗子、花生等食品类内芯，为新婚夫妇送上"早生贵子"的吉祥口彩；在后续生活中可填充具有保健功效的薰衣草等干花颗粒内芯，产生镇静、舒缓、催眠等优化生活的功效；当家庭中有了新生儿之后，还可以将内芯取出，利用压床娃娃的内部空间来收纳纸尿裤、尿片等婴童必备的生活用品。

二、形态塑造与缝制工艺

缝制工艺对形态塑造具有不可或缺的作用，缝制工艺是将平面的裁片，通过一定的手缝、机缝工艺连合，使之由平面状态转换为立体的形态。各类手缝、机缝工艺是家纺产品形态塑造的基础，对其熟练应用是家纺产品专业设计人员必备的专业素养。

（一）家纺产品缝制工艺的再探讨

手缝工艺是一项重要的基础工艺，它是主要使用布、线、针及其他材料和工具，通过操作者的手工进行操作的工艺方法，是家纺产品制作的传统工艺。随着缝纫机械的发展，制作工艺不断革新，手缝工艺逐渐被取代，但是家纺产品生产制作的很多工序依然赖于手缝工艺来完成，尤其是装饰工艺操作更需要手缝工艺的辅助。因此，手缝工艺在家纺产品的制作生产中占有特殊的地位。

随着大众审美的多元化与个性化，随着自然、传统、手工生活理念的回归，在家纺产品的设计制作中，手缝针法的应用呈上升趋势，人们喜爱手工技艺所带来的自然、淳朴、温暖、唯一的情感属性。手工技艺在家纺产品中的应用，为受众带来更多的情感价值，同时也为企业带来更多的经济价值，从这个意义上说，手缝工艺在今天的家纺设计中占据更为重要的地位。手缝针法种类较多，变化无穷，基础手缝针法主要包括平针、回针、缲针、三角针、锁针、杨树花针、钉纽扣等。

机缝工艺是家纺产品制作工艺中的主要组成部分，缝制时能够应用各种缝纫机械装置来完成多种不同的缝制工艺，主要分为基础机缝工艺与装饰机缝工艺。基础机缝工艺包括平缝、搭接缝、来去缝、扣缝、内包缝、外包缝、卷边缝、贯缝等工艺方法，而装饰机缝工艺则是运用缝纫机械，采用各种线迹结构，直接在面料上缀缝各种花型图案起装饰作用的工艺方法。机缝装饰工艺内容丰富，其工艺方法归纳见表6-4。

表6-4　装饰机缝工艺的工艺方法归纳

序号	工艺内容	图示	工艺方法
1	机绣		机绣是使用绣花机、平缝机等机械进行刺绣的工艺方法的总称，具有速度快、线迹平整、紧密等特点，常用于床上用品、餐厨类台布、装饰壁挂、睡衣等家纺产品。随着机械科技的发展，机绣工艺效果对手绣效果的模仿越来越逼真，这又正契合了当前大众对手工技艺的审美偏好

序号	工艺内容	图示	工艺方法
2	绗缝		绗缝是在双层布料之间填充富有弹性的纤维，如腈纶棉、喷胶棉等，然后用针线切缝出各种线迹图案的刺绣工艺方法，其特点是兼具保温和装饰功能，图案立体感强。绗缝方法常用于床品、壁挂等家纺产品中
3	滚边		滚边也称滚条、包边，是用一条斜料将裁片包光作为装饰的一种缝纫工艺方法。可选用同色或异色面料，有狭滚、阔滚、单面滚光、双面滚光等多种形式。操作时，先将斜料毛边折进烫平，再对折烫平，然后包住面料边缘，沿着斜料折边缉 0.1cm 止口线即可完成
4	嵌线		嵌线是指在裁片的边缘或拼接处中间嵌上一道带状的嵌线布的工艺方法。做嵌线的布料为斜裁，颜色、图案常与装嵌线的裁片不同，以达到醒目的装饰效果。操作时，将嵌线布正面朝外对折，将 0.3~0.6cm 的嵌带放入，用嵌线压脚 0.8cm 缝份，先在一个裁片的正面边缘初缝，然后再将两裁片正面相对，1cm 缝份合缉
5	镶边		镶边是用一种与裁片颜色不同的镶料镶缝在产品边缘的工艺方法。镶边的宽窄可以根据需要而定，一般最宽不超过 6cm。镶边的方法有明缝镶、暗缝镶、包边镶等多种
6	荡条		荡条是用一种与裁片颜色、质地都不同的面料贴缝在裁片边缘之处，而又不紧靠边缘，在裁片上形成一种荡空效果的工艺方法。荡条在样式上有狭荡、阔荡、单荡、双荡、多荡等。有时荡条与滚边配合在一起使用
7	花边		花边装饰是指在家纺产品的某些部位用同一种面料折褶成花边或用其他质料的花边进行缀缝装饰的工艺方法，装饰工艺简单，富有韵律感和浮动感。常见于床上用品、窗帘、桌布、靠垫等产品中。花边种类繁多，常用有环形花边、粒状花边、网型花边、木耳花边、百裥花边等

（二）基于结构、工艺合理性设计的产品优化

家纺产品工艺设计的合理性对产品的生产、开发、使用都极为重要。以无弹性机织材料马桶盖套的设计为例，目前市场上大部分无弹性的机织材料马桶盖套都是采用侧边装拉链的款式，这是为了能够穿脱方便而设计的，然而这样的产品工艺难度大，生产成本较高。针对上述不完善，市场上又有部分产品采用松式配合款式（马桶盖套的尺寸远大于马桶盖尺寸），而这种设计又存在成型状态不好、不美观的弊端。再者，上述两种款式的马桶盖套背面都是整体式封闭结构，同时适应开、合状态的能力差，难以满足在开合两种使用常态下都平顺、美观的要求。克服上述不完善设计的优化产品方案如图 6-25 所示，正面为布艺绗缝的整体封闭结构，背面为加入橡筋抽褶工艺的开放结构，去掉拉链，利用橡筋的弹力来满足马桶盖套的穿脱要求。

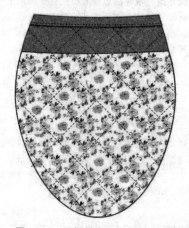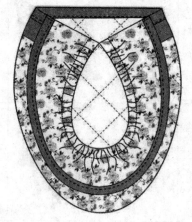

图 6-25　马桶盖套优化方案的正反面款式图

优化设计的结构如图 6-26 所示，其中马桶盖套背面采用类似矩形的开放式结构，该部分具有一条长曲线边和一条长直线边，缝制时长直线边需要与马桶盖正面的曲线边缝合。为了保证马桶盖套正面获得更为紧致、平顺的效果，结构设计时，使马桶盖正面的曲线边长度略大于马桶盖背面的长直线边长度，在缝制时，通过辑线抽缩工艺使马桶盖套正面的曲线边均匀收缩，缩至与马桶盖套背面的长直线边长度相等，并将两者通过斜裁滚边工艺包边辑合。而且，为了保证开放式背面的美观，背面类似矩形结构的另一边设计成两边起翘的弧线形，使装橡筋边尺寸减小，以保证装橡筋后的平顺；宽度

上设计成中部窄两头宽的形式，以保证交界处的橡筋不外露。优化方案在降低生产成本的同时，很好地满足了开合两种使用状态下对平服性与视觉舒适性的要求。

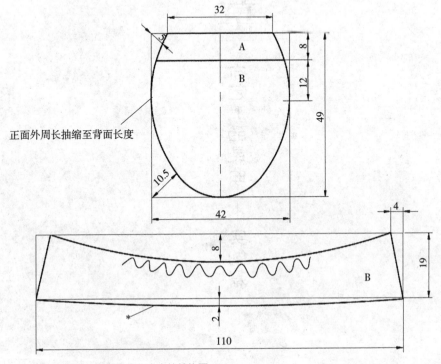

图 6-26　马桶盖套优化方案的结构图

第七章

布艺上的昆曲——实例篇

理论是为实践服务的，本章的内容重在以昆曲艺术视觉元素为灵感而进行的设计实践，主要包含三个内容：一是，以一定的家居空间为例，对家居空间内基于昆曲艺术视觉符号的整体家纺设计进行实践解析；二是，以典型家纺产品为例，对基于昆曲艺术视觉符号的系列家纺产品设计进行实践解析；三是，以具有家居小摆件功能的旅游产品为例，对基于昆曲艺术视觉符号的其他品类家纺进行设计实践解析。本章的重点在于理论与实践的结合。

第一节　客厅空间基于昆曲艺术视觉符号的整体家纺设计与工艺

　　客厅作为家庭生活区域之一，是全家活动、娱乐、休闲、团聚的场所，又是接待客人、对外联系交往的社交空间。可以说，客厅是住宅的中心空间与家庭对外的窗口，是家庭形象的代言者，而客厅中的家用纺织品，作为客厅空间软装饰的重要组成部分，它的设计是室内软装设计的重点。可以说，与客厅空间环境相协调的、相互间具有内在联系的整体家纺，能够创造出统一、和谐、有美感的生活环境，对内能够提升家居环境的亲和力，对外能够展现主人的意趣、修养，提升整个家庭的外在形象。也正因如此，日趋成熟的消费者越来越重视客厅空间中家纺产品的整体设计效果。

　　客厅空间内的家纺产品主要包括窗帘、墙布、布艺沙发、沙发套、靠垫、坐垫、地毯或地垫、电视机罩、电话机套、装饰布偶等。基于昆曲艺术视觉符号的客厅空间整体家纺设计，是要将昆曲艺术视觉符号作为设计的一个灵感源，对客厅空间内所使用家纺产品进行统一的考量，使不同功能用途的家纺产品在风格、材料、色彩、图案、款式、工艺等方面相互呼应、联系并有序组合，形成特定而风格一致的整体。此外，家纺产品还要与客厅家装环境、客厅其他软装饰相协调，成为家居整体装饰的有机组成部分。下面，以艺尊（苏州）软装工作室的客户定制项目为例来展开探讨。

一、项目描述

　　基于昆曲艺术视觉符号的客厅整体家纺项目来源于艺尊（苏州）软装工作室，该项目客户为"山水印象"住宅小区白领公寓的住户，设计任务是为住户提供客厅空间内家纺产品的定制服务。该项目的家居硬装已经完成，家具和部分软装陈设（沙发、圆形边桌、台灯、实木箱等）已由用户自行购买，项目的具体任务是为该用户客厅空间量身定制与客厅环境相协调的其他家居软装饰，主要是家纺产品，包括窗帘、系列的沙发靠垫、地毯、背景墙装饰画等。

二、用户分析

（一）使用对象分析

设计之初，对产品的使用对象进行深入细致的了解至关重要，主要包括对性别、年龄、职业、社会地位、经济状态、文化背景、审美趣味、生活习惯等因素的了解与分析。本案用户为年龄在 30 左右的单身女性，是一位玩偶收藏者，职业为服装设计专业的大学教师；喜欢艺术感、时尚感强的装饰风格；喜爱古典音乐与前卫艺术，并且是一位昆曲爱好者；注重产品的品质、情趣和审美。对于客厅装饰风格，用户首先希望大气简洁，舒适宜居，自己也为此购置了美式风格沙发；第二希望设计能够展现自己是昆曲爱好者的一面，希望家居装饰中能够融入适量的中式民族情调。交流过程中，在不经意之间，用户明确表现出了对各种装饰小物的喜好，特别是对精致的布艺玩偶的偏爱。

（二）使用时间、空间分析

家纺产品的设计与使用时间、空间关系密切。从时间来看，季节交替对色调、材质影响较大。一般来说暖调、浓重色调用于秋、冬季使用，以营造温暖的居室氛围，冷调、清新色调用于夏季使用，以营造凉爽的视觉环境；同样材质的面料在不同的季节会带来不同的使用感受，如绒毛感材料，在冬季会使人感觉温暖、体贴，在夏季则会使人感觉刺痒、烦躁。而从家居空间的使用来看，家纺产品首先要与使用空间功能相一致，明确是为何种空间设计；其次要与此空间的硬装和家具陈设等结合为和谐的整体，充分发挥其在室内空间中的"软"作用。本案客厅已完成家装如图 7-1 所示。

本案用户没有提出明

图 7-1　本案客厅已完成家装效果

确的使用时间要求，这意味着家纺产品在色调、材质等方面应尽可能通用性良好，能够适合四季使用。房屋客厅使用面积 10 m^2，形状为狭长的长方形，采光效果一般；主人在空间设计使用上将客厅与书房进行了整合，营造出开放式书房和客厅的效果，希望设计中能够综合考虑这两部分空间的功能；空间中的主要家具——沙发，具有非常典型的美式风格；已完成的墙壁、书柜、沙发等家装都为本白色，这使得室内整体色调比较统一，自然也存在一定程度的单调；实木地板与沙发前充当茶几的实木复古箱都为目前流行的浅胡桃色。

（三）使用目的分析

使用目的分析是要思考用户为什么需要这样的产品，要有针对性地研究与确立用户使用家纺产品的目的。如市场上婚庆床品的主要消费人群是新婚夫妇，则营造吉祥喜庆的氛围即是该类消费的主要目的。

本案在空间设计上将客厅与书房进行了整合。因为在生活中，用户需要这部分空间承担会客、聚谈、看电视、听音乐、读写以及业余学习、研究、工作等多项任务，并且用户对客厅的整体家居氛围有较高的情感诉求，要求在满足使用舒适、功能合理的前提下，更能营造出大气、文艺、个性、时尚的氛围。

三、设计定位

（一）设计风格定位

家纺产品的设计风格是产品的外观样式与精神内涵相结合的总体表现，是产品所能够传达的内涵与感受，其风格多种多样，主要有中式古典风格、欧式古典风格、田园风格（自然风格）、现代风格、民族风格、后现代风格、混搭风格等。在确定整体家纺的设计风格时，既要根据家居空间的装饰风格、装饰主题而联想延伸，又要综合考虑用户的生活习惯、喜好特点、行为方式等。

本案用户年轻、时尚、有艺术气息，喜欢有一定装饰性，并能够体现爱好、个性的家居环境，也喜欢简约、大气的现代感，因此，单一的风格已很难满足其需求，结合用户分析中已获得的基本信息，最终将客厅空间的整体家纺风格确定为融现代、美式、中式民族风格于一体的多元混搭风格。从字面上理解，混搭是把看似迥然相异的东西合在一起并使之匹配，而现代、美式、中式民族风于一体的多元混搭，意在强调家纺产品的造型简洁、结构明快、线条流畅以及艺术与功能的高度融合；强调诸如色彩、图案、工艺等中式民族元素的融入；强调舒适、自在、环保、原色的呈现，并由此折射用户多元的生活方式和生活态度。

（二）设计构思展开

结合本案空间的自然条件与设计风格，考虑产品造型以简约、大方为主，产品色调选择明快、纯净的类型。对多元混搭风格的表现，主要通过面料材质肌理的对比，装饰图案的呼应，拼接、嵌线等传统工艺的使用，以及上述设计元素相互之间的细节搭配来完成。立足于客户对装饰小品的喜爱与昆曲爱好者的身份，确定旦角妆面为贯穿设计的主题形象，以此将客户的时尚追求与文化、个性诉求完美结合。

（三）设计内容确定

最终设计内容与用户达成一致，即双层窗帘：外层纱帘，内层遮光帘；系列沙发靠垫（6~8个）；纸巾盒套两件（应客户要求）；茶几盖布一件；背景墙布艺装饰画一件；系列装饰昆曲布偶一套四件；选配地垫一件以及台灯罩的装饰优化。

四、设计展开

（一）面料设计

基于风格统一的角度，整体家纺的面料选择必然存在你中有我、我中有你的特点。即便如此，在面料设计时也一定要首先考虑产品的功能性和使用性，包括客厅窗帘的遮光性、悬垂性、易打理性，靠垫与人的亲近性、舒适性、面料拼接时的色牢度要求等。结合本案客厅空间的结构特点，多元混搭风格的营造，房屋主人年轻、时尚、具有特定艺术爱好的特质，以及可接受的成本，最终，将客厅的遮光帘材质确定为亚光色泽、质地紧致、厚度适中并具有良好悬垂性和结构肌理感的小提花涤麻面料；纱帘面料确定为通透性良好的雪尼尔纱面料；靠垫、茶几盖布、纸巾盒套、墙面布艺装饰画材质确定为肌理与窗帘面料肌理相类似，而触感更为舒适的天然麻质面料；地垫材料确定为容易打理的雪尼尔编织材质面料；布艺人偶的人体材料选择有一定弹力的涤纶针织面料，同时，还会选择一些基调为相似色或撞色的涤棉类面料、色丁面料（染色牢度高，水洗后不易退色）、丝绸面料（柔和而华丽的光泽质感）来进行搭配和装饰。

结合小户型客厅面积偏小、层高偏低的房屋结构，契合客户不喜欢繁复图案的特点，在面料图案选择时，主、辅、配色面料都选择表面肌理感良好的单色图案，整体设计需要通过对单色面料进行拼接、贴布、线迹刺绣、机绣等工艺装饰，以及不同面料之间的质感对比来形成视觉效果的丰富性与秩序感，从面料搭配的视角完成多元混搭风格的构建。

（二）色彩设计

客厅的墙壁、书柜、沙发套等家装都选择了本白色，整体色调比较单一，所以在家纺色彩设计时，应将主色调确定为能够点亮空间的有彩色。根据客户对素雅色彩的偏爱以及当前纺织服装的色彩流行趋势，最终，主色选择了含有少量灰度成分、明度较高的蓝色，这种颜色明快而时尚，与白色搭配能够产生清朗舒爽的视觉效果，尤其能够适度改善空间狭小而引起的局促感。此外，与空间整体基调相呼应，在家纺色彩系列中加入——本白、深蓝、深紫作为辅色，加入协调色灰蓝，对比色大红、粉红、无彩色灰、黑、白等作为配色，用以增强整体家纺的色调丰富感与视觉冲击力，共同营造客厅空间中现代、时尚又具有一定浓墨重彩的中式民族韵味的家居氛围。最终，色彩搭配定案如图7-2（彩图27）所示，面料定案如图7-3（彩图28）所示。

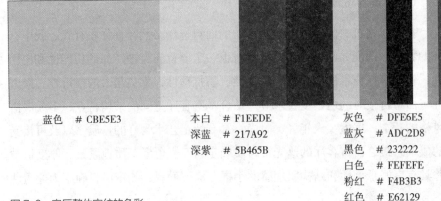

蓝色	# CBE5E3

本白	# F1EEDE
深蓝	# 217A92
深紫	# 5B465B

灰色	# DFE6E5
蓝灰	# ADC2D8
黑色	# 232222
白色	# FEFEFE
粉红	# F4B3B3
红色	# E62129

图 7-2　客厅整体家纺的色彩

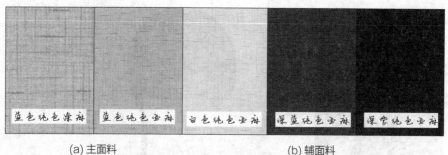

(a) 主面料　　　　　　　　　　(b) 辅面料

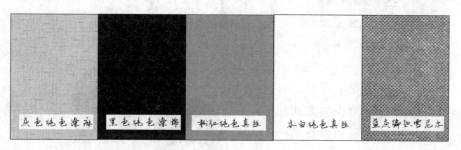

(c) 配料

图 7-3　客厅整体家纺的面料

（三）装饰图案设计

装饰图案的设计重点在于主题形象——旦角妆面的设计。旦角妆面是极具昆曲艺术意味的视觉元素，其造型装饰感强烈、图形繁复，如果将其写实地表现出来，虽具有较好的装饰效果，但很难满足客户所要求的现代感、时尚感。为了能够将昆曲旦角妆面元素与用户的现代、时尚诉求在主题形象上更好地契合，本方案进行了如下的设计。

将昆曲旦角妆面造型元素与现代流行卡通文化相结合，进行旦角妆面造型的卡通化处理，保留了其最具特点的铜钱头元素、头面元素、眼部化妆元素，并提取了与旦角形象造型密切相关的砌末——折扇元素，将这些元素重构在一起，进行适度的简化、变形、夸张、组合，获得了具有简约的现代感，具有时尚文化的卡通感与趣味性，也具有昆曲艺术韵味与美感的旦角妆面的基础造型（图 7-4，彩图 29）。将基础造型进一步解构、延伸，结合昆曲艺术四功五法中的极具特色的眼法表现，以及流行卡通文化的表情包符号，获得了客厅整体家纺的主题图案——系列妆面图案和折扇图案（图 7-5，彩图 30）。其中，妆面图案的表达方式以色块平涂为主，可以

图 7-4　旦角妆面的基础造型

通过拼布、贴布工艺来实现；折扇图案的表达方式以线迹勾勒廓形和扇骨结构为主，可以通过选用手工线迹绣、机绣工艺来实现。在此基础上，设计师将旦角妆面图案与圆形边缘线结合；进行残缺式重构，将折扇图案多层叠合、交错排列；将当前流行的三角形几何拼接图案引入其中，使之形成整体设计的图案系列（图7-6，彩图30），并具有契合当代审美诉求的简洁、残缺、秩序、时尚之美，能够更好地满足客户对传统经典文化与现代时尚文化的双重喜好，提升整体家纺的视觉表现力。本案的图案设计延伸过程如图7-7所示。

图 7-5　整体家纺的主题图案

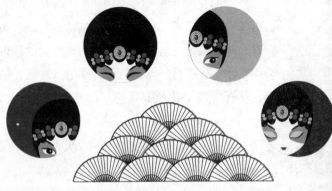

图 7-6　整体家纺的图案系列

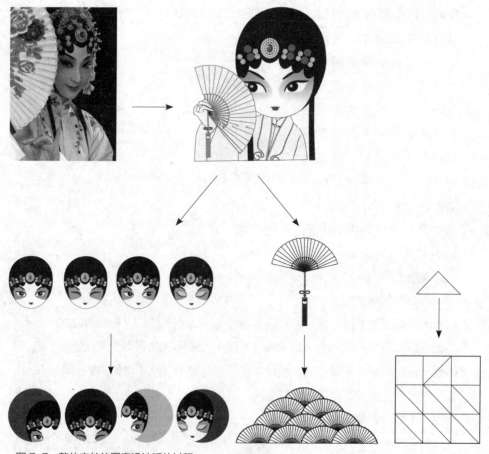

图 7-7　整体家纺的图案设计延伸过程

（四）款式设计

款式设计是客厅整体家纺设计从整体到个体的过渡，是结合前期已定案的面料材质和图案、色彩、装饰等设计元素进行单件家纺的形态、线条、细节和呈现方式设计，使各元素依托款式载体完美调和，使客厅空间的不同家纺产品呈现出一致的外在风貌，最终营造出大气、文艺、时尚、中式民族化的家居氛围。

1. 窗帘的款式设计

整体设计客厅窗帘的款式选择主要考虑的因素是房屋主人的审美倾向和风格的整体定位。本案的房屋主人对简约大气的风格比较青睐，对罗马杆特别钟情；同时，本案风格是融现代、美式、中式民族为一体的混搭风格，应注重设计的简约、自然和质朴。因此，在窗帘款式设计时，确定了顶部罗马杆吊装且简单、实用的布面穿孔，双幅横向开启的样式，包括外层遮光帘与内层纱帘，遮光帘使用蓝色主面料，在底端机绣本白色折扇符号，通过色彩、图案与整体设计的其他家纺相呼应，形成系列感，内层纱帘为本白色雪尼尔材质，其平面款式图如图 7-8（彩图 42）所示。

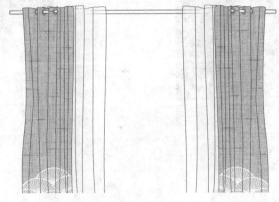

图 7-8　本案窗帘款式设计（白色为纱帘、蓝色为遮光帘）

2. 靠垫的款式设计

配合客厅的整体风格，尤其是本白色的美式布艺沙发，靠垫的款式以方形和长方形的简洁造型为主，为了满足房屋主人希望靠垫有别于常规款式，能够体现个性化的要求，设计师在设计系列靠垫时更为注重丰富的图案变化。尺寸设计主要考虑沙发所提供的承载空间、使用功能，并在视觉上形成一定的秩序美感。本案系列靠垫共分为六组七件。

第一组为大方形款式靠垫，一组两件，一件为基础单色款，选用蓝色主面料，背面后中拉链开合；另一件为残缺型旦角妆面贴布款式，底布使用蓝色主面料，表面用被方形边线局部截取的旦角妆面主图案做装饰图形，装饰图形以拼布、贴布、手工线迹绣的工艺方法来表现（图 7-9，彩图 31）。

第二组为方形圆贴布款

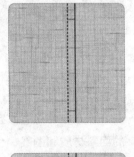

正面　　　　　　　　　　反面

图 7-9　本案贴布图案靠垫款式图

式靠垫，一组一件，使用本白色辅面料为底，表面四角对称拼贴圆形的旦角妆面系列图案，该图案以数码喷印的工艺方法获得，以轮廓线装饰手工线迹绣的形式拼贴，同时，为了具有更为悦目的视觉效果，在四周装饰深蓝色嵌线。该靠垫在色彩处理上，与第一组形成鲜明的对比，而在款式、图案处理上又与第一组相呼应，并呈现出丰富多元的工艺装饰效果（图7-10，彩图32）。

第三组为方形拼布折扇款式靠垫，一组一件，将低明度的深蓝色与高明度的灰色辅面料拼接为底布，结合本白色的手工线迹绣来表现折扇图案，形成色调明朗、工艺精致的视觉印象（图7-11，彩图33）。

第四组为三角形层叠折扇款式靠垫，一组一件，使用深紫色辅面料为底，正面以大面积的手工线迹绣形成层叠错列的纸扇图案，与侧面、背面拼合形成稳定的三角形靠垫，在图案、工艺手段上与第三组靠垫相呼应，又在量和排列方式以及造型上与之形成差异，并由此获得良好的秩序感（图7-12，彩图34）。

图 7-10　第二组靠垫

图 7-11　第三组靠垫

图 7-12　第四组靠垫

第五组为方形拼布款式靠垫，一组一件，使用主色蓝，辅色本白、深蓝、深紫、灰色面料做规则的三角形裁片分割并拼合，通过面料的色彩、比例、排列变化获得韵律、活泼、时尚的视觉效果（图7-13，彩图35）。

第六组为三角形贴布款式靠垫，一组一件，使用辅色深紫色辅面料为正面底色，灰色配料为侧面、背面底色，正面以拼布、贴布、手工线迹绣等工艺方法来装饰；装饰图案是被局部截取的旦角妆面主图案，图形截取以靠垫的正面方形边线为基准，三角形侧面左右各配置一个能够存放遥控器等小物件的功能性口袋，与正、背面拼合后形成稳定的三角形靠垫。该款靠垫在造型上与第四组靠垫相呼应，而在尺寸、图案上又与之形成差异，并由此获得更为丰富的视觉观感，如图7-14所示。

图7-13　第五组靠垫

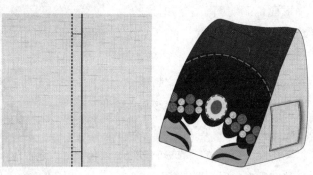

图7-14　第六组靠垫

3. 纸巾盒套的款式设计

纸巾盒是生活中不可缺少的家纺单品，是客厅空间中必备的单品，纸巾盒套设计应注重实用功能与装饰性的统一。在整体家纺设计中，纸巾盒与其他家纺之间呼应的设计，能够提升整体设计的趣味性和品质感。本案为客户提供两款纸巾盒套设计，分别为灰色款与拼接款图7-15（彩图36）。灰色款采用简洁的长方形平面造型，色彩柔和雅致，温润地融入窗帘、地毯、靠垫等家纺所形成的整体色调之中。抽纸口和底边的蓝色滚边，下部的深蓝灰折扇图案手工线迹绣，右下角的旦角妆面贴布装饰，既契合整体设计的风格，又彰显出对细节的关注，较好地提升了家纺整体设计的层次和品质。最具特色的是，该款纸巾盒套借鉴包装袋的结构，在使用时可以从平面长方形转换为立体长方体造型，上部以抽带的方式自由开合，下部装两条固定橡筋，使纸巾盒套在使用时具有良好的包覆（纸巾盒或纸巾包）功能。

图7-15　纸巾盒套的款式图

拼接款也采用简洁的长方形平面造型，本白色与深蓝色的拼接使纸巾盒套在家居空间中更为鲜明和突出；抽纸口和侧边的蓝色滚边、抽纸口固定盘扣，侧边底部折扇图案的线迹绣装饰，既具有一定的功能性，又丰富了家纺产品的装饰性，并较好地与客厅空间中其他家纺在细节上呼应契合。该款纸巾盒的款式设计简单巧妙,利用平面长方形的折叠来形成立体的纸巾容纳空间,在获得契合整体风格的简洁造型的同时还能降低工艺成本。

4. 边桌盖布的款式设计

本案圆形边桌位于本白色沙发之间,玻璃透明台灯柱之下,盖布设计的重点在于色彩、材质、图案、工艺元素的表现与其他家纺之间的搭配与协调,其盖布款式设计定案如图 7-16(彩图 37)所示。考虑遮饰圆形桌面的功能性,并与靠垫造型相呼应,边桌盖布选择正方形平面造型,面料选择辅面料——深蓝色亚麻,四边装饰层叠错落的浅灰色折扇符号,以机绣工艺完成。圆形边桌盖布的深蓝色与

图 7-16　边桌盖布的款式图

沙发白色布艺的搭配,在视觉上形成了鲜明而有层次的效果。

5. 布艺装饰画的设计

装饰画用于沙发背景墙的装饰。为了获得个性化、整体化的效果,设计师选择布艺材质的装饰画来进行背景墙装饰。布艺装饰画以辅面料——本白色亚麻作为底布,将整体设计的主图案,自左下角切入来局部表现,搭配黑色缎纹绣的《牡丹亭》唱词以及红色缎绣的古体篆章,在构图上,形成契合中国古典美学和当代审美趋向的留白效果。"良辰美景奈何天,赏心乐事谁家院"的文字仿佛在诉说主人的心事一般。装饰功能为主的装饰画、布偶与实用功能为主的靠垫、纸巾盒套等家纺在图案、色彩、材料等要素上的呼应,

能够赋予设计更多的趣味性与故事感,使人不由自主地想去探寻主人家的巧思。在表现布艺装饰画的装饰图案时,将拼布、贴布、刺绣、珠绣等多种装饰工艺结合应用,使平面的装饰画获得立体凹凸感,并更加富有层次性。布艺装饰画设计定案如图 7-17(彩图 38)所示。

图 7-17　布艺装饰画的款式图

6. 昆曲布偶的设计

在今天，布艺玩偶已经成为现代人非常喜爱的玩具，在家居空间中，人们经常会用布艺玩偶来调节空间的氛围与情调，专门针对整体家纺而设计的配套布艺玩偶，能够大大提升整体家居的趣味性与设计感。本案的主题形象是具有昆曲艺术韵味与美感的旦角妆面造型，结合该形象，设计师为整体家纺设计了一组四件 Q 版旦角形象的布艺人偶，其妆面造型与整体设计的主图案一致，而其立体造型比例夸张，形态可爱，极具当代年轻人审美偏好的流行文化特征，其款式设计定案如图 7-18（彩图 40）所示。

昆曲布艺人偶家纺摆件精致而小巧，约 29cm 的身高，分为人体与服饰两部分内容。身体面料采用浅肉色针织涤纶面料，其弹性能够保证充棉工艺

图 7-18　本案昆曲布偶的款式图

后的紧致与饱满，妆面采用手绘与手绣结合来表现，发丝选用现代涤纶丝，并与铁丝、棉花搭配使用塑造旦角的发型。服饰面料使用整体设计的各色配料，并采用手绘、手绣、滚边等工艺来装饰。最具特色的是，头饰采用彩色合金丝结合各色圆珠、管珠等装饰配件来制作，形成华丽、精致的视觉特

征。昆曲布偶很好地传达出昆曲艺术的韵味，成为主人对外展示自己品味与兴趣的点睛之品。

7. 地垫的配置

结合小户型客厅面积偏小的特点，本案地面装饰选择尺寸偏小的椭圆形地垫。由于地毯、地垫的专业性更强，需要一定的专门工艺来制作，所以设计师在家纺市场为本案选配了能够契合整体设计风格的地垫，如图 7-19（彩图 39）所示。地垫材料为容易打理的编织雪尼尔材质，采用椭圆形造型与圆形边桌造型相呼应，也为客厅空间融入更为柔和的元素。地垫底色为蓝灰色，与整体设计的主色调协调搭配，装饰有如意纹、蝴蝶纹等传统吉祥图案，并以适合纹样的形式均匀分布在外圈四周，深蓝灰色的包边既是工艺需要，也能更好地丰富设计的层次。

图 7-19　地垫款式图

8. 台灯罩的装饰优化设计

本案客户已自行配置了台灯软装，台灯柱为透明玻璃材质，灯罩为本白色聚氯烯（PVC）材质，其造型简洁，材质现代，体量也较大，在客厅空间中，能够很好地与现代风格相契合。然而，本案设计风格集现代、美式、中式民族风格为一体，在简洁、大气中亦追求细腻与精致。因此，为了获得更具有装饰性和整体感的视觉效果，设计师对台灯罩进行了装饰优化设计，将与圆形重构的残缺型旦角妆面图案打印成彩色背胶贴纸，并以一定的顺序等距分布在台灯罩底边一周（图 7-20，彩图 41）。

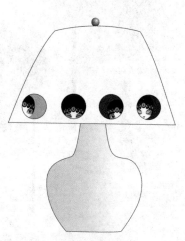

图 7-20　台灯罩的装饰优化

9. 整体家纺款式设计的设计亮点

在整体家纺的款式设计中，存在着可圈可点的设计亮点。设计亮点之一在于二维装饰图案与三维形象在靠垫、装饰画与昆曲布偶之间的趣味呼应。在整体家纺的靠垫、装饰画设计中，最具装饰性的是采用了拼布、贴布、手工刺绣工艺，而拼贴的图案正是布艺人偶的二维扁平化图形。在这里，靠垫、装饰画与布艺人偶以有趣的形式产生了呼应。特别值得一提的是，Q版布艺人偶的比例夸张，形态可爱，拥有约29cm的身高，妆容、头饰、服装精致，陈列在客厅空间中，以其靓丽、精致的形象与工艺，很好地传达出昆曲艺术的雅韵，成为主人对外展示自己品味与兴趣的点睛之品。设计亮点之二在于图形的多元化工艺演绎。在整体家纺设计中，设计了卡通旦角妆面、折扇、三角形等几何图案，对于这些图形的表现，设计师没有采用常规的印花工艺，而是通过拼布、贴布、数码喷印、手工刺绣、现代珠绣、机绣、嵌线、滚边等多元化的工艺装饰，使家纺图形呈现出重工、装饰、精致的韵味，同时又拥有悦动、活泼的现代视觉特征，最终圆满完成了客厅空间整体家纺的多元混搭风格的演绎。客厅空间的整体家纺的效果如图7-21（彩图43）所示。

图7-21　客厅空间整体家纺效果图

五、客厅空间整体家纺的造型工艺

好的设计要符合科学生产规律，与产品工艺良好契合，并创造好的经济利益。在客厅空间整体家纺设计中，从结构设计到工艺设计，都应力求使设计与工艺良好契合，以下举例说明。

（一）贴布绣的工艺创新

本案的靠垫、背景墙装饰画在工艺缝制过程中，旦角妆面图案的表现通过曲线分割的块面结构、拼布、贴布、手工刺绣等工艺来实现的，其中需要在多处使用贴布工艺。按照传统方法将涉及大量的手工贴缝，工艺成本过高，因此，在造型工艺过程中对该工艺进行改良，通过裁片粘衬——机缝拼接——整体廓形工艺板扣烫——透明缝纫线机辑边沿——仿手工花式线迹机辑边沿的工艺优化，使手工贴缝转化为机缝工艺，有效地降低了生产成本，提高了劳动生产率。

（二）结合使用功能，对同一图案进行不同的装饰工艺表达

背景墙装饰画和靠垫，使用目的不同，对于同一装饰图案的工艺处理方法也有不同。背景墙装饰画，更为强调家纺的装饰性，在图案表现时使用了拼布、贴布、手工刺绣、线迹绣、珠绣饰物装饰等工艺方法，使平面图案具有一定的凹凸效果，特别是头饰表现中使用的珠绣工艺，其圆珠、异形珠等饰物在光线的映射下，会产生璀璨、华丽的视觉效果，与背景墙装饰画的装饰功能相得益彰。靠垫家纺设计时，对于同一妆面图案的头饰表现，从靠垫的可倚靠功能性、使用性出发，采用手缝辫子绣针法盘旋缝制，既获得了精致独特的装饰效果，又保证了使用时的柔软舒适。而且，在系列靠垫的款式设计中，对于比较小的图形妆面图案，使用了数码喷印工艺与贴布工艺结合的表现方式，降低工艺成本的同时，又很好地表达了设计构思，丰富了整体设计的视觉效果。

（三）实现设计——布艺人偶的造型工艺

布偶也被称为布艺玩偶，是用布艺材料制成的玩偶，其种类繁多，造型千姿百态，常见的布偶有动物、人物、植物等造型，也有字母、物件、用具等其他造型，其中人物造型的布偶被称为布艺人偶。

1. 常见布偶的造型工艺

布偶按结构形式可以分为扁平布偶、半立体布偶与立体布偶三类（图7-22）。扁平布偶是指各部件均由两片相同裁片缝合而成的布偶，其结构、工艺简单而容易操作，一般是经过将各部件的两片缝合，翻至正

（a）扁平布偶　　　　　　　（b）半立体布偶　　　　（c）立体布偶

图7-22　布偶的种类

面后充填棉花，然后再通过组合的工艺成型。半立体布偶是在扁平布偶的基础上，在底部增加一个底片，形成更加便于立放的布偶，其结构、工艺与扁平布偶相抵，但需要增加一个底片的结构设计，需要在工艺缝制时将底片与上部主片形成的立体空间沿底片外边缘缝合。半立体布偶最早见于日本布偶，现在已深入我们生活的多方面，以简洁的造型、方便的立放、乖憨的神态、多变的装饰而受到大众的青睐。立体布偶是整体呈现立体形态的布偶，其造型工艺是通过合理设计的结构曲线的缝合，而形成一定的立体形态或形成多个立体形态的组合。立体布偶的造型工艺比较复杂，能够呈现站、蹲、卧等千姿百态的造型，可以拥有立体感很强的五官与表情。立体布偶最早多见于欧美布偶或玩具，现如今则以其丰富多姿的造型设计受到全球消费者的追捧与喜爱。

　　立体布偶的结构设计是布偶造型工艺环节重要且较难完成的部分，需要制板师对从平面到立体关系的透彻理解。如站立式布偶的结构设计，其设计核心是在平面的主要形态中加入一定的厚度结构，如图7-23所示的站姿象布偶就采用这样的结构。再如坐式布偶的结构设计，则需要将立式结构的四肢部分进行适当的结构变形，如图7-24所示的坐姿兔布偶结构。

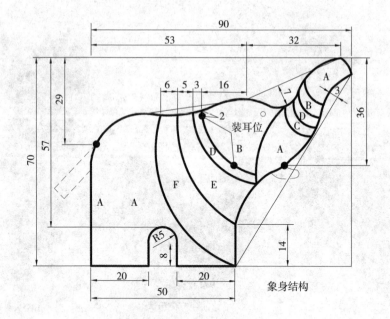

象身结构

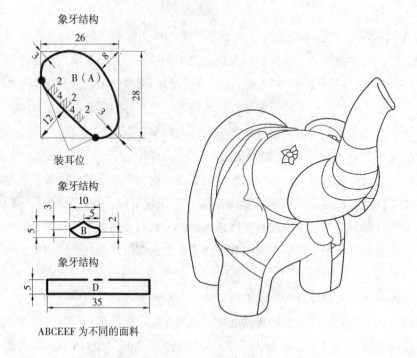

象牙结构

装耳位

象牙结构

象牙结构

ABCEEF 为不同的面料

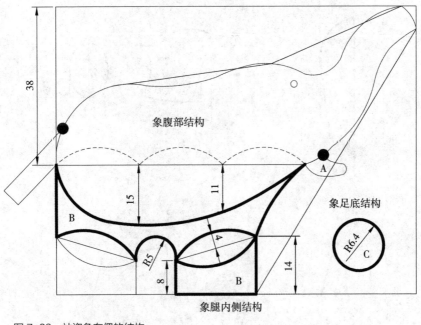

图 7-23　站姿象布偶的结构

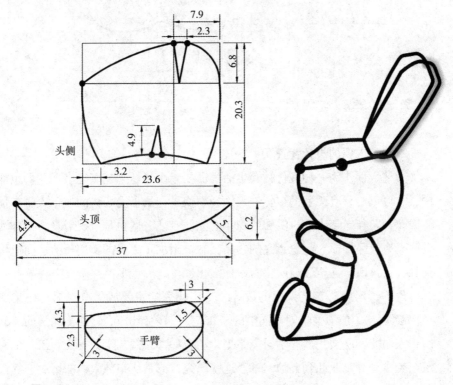

图 7-24

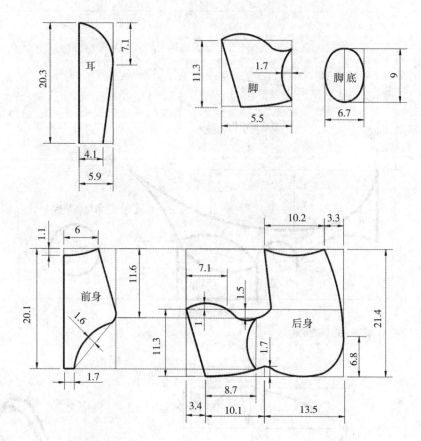

图 7-24　坐姿兔布偶的结构

2. 布艺人偶的设计背景

　　布艺人偶作为一种现代社会生活的需要，已经越来越多地走入我们生活中，它可以给天真无邪的孩童带来愉悦、快乐，给承受压力的成年人带来情感慰藉，陪伴老年人度过温馨的晚年时光。布艺人偶也是庆祝节日、举办活动中具有礼品性质、纪念意义的物品，它被附加了更多的实用价值、商业价值和社会价值，甚至逐渐演化为一种文化现象。

　　目前，国内对布艺人偶的设计、工艺研究的主要成果有滑树林先生的《北京绢人》、东华大学刘洋同学的《布艺人偶设计研究》、刘美同学的《北京绢人的非物质文化遗产学研究》等，还有如《人偶艺术》等发表于《上海工艺美术》等专业期刊上的文章。这些研究，或是从布艺人偶的历史、社会现象、艺术设计、造型工艺等方面对零散的布艺人偶知识进行整合，或是从非物质文化遗产传承的视角来探讨我国传统的布艺人偶——北京绢人的生存现状、造型、工艺特色以及未来的传承发展方向。受传统"重道轻器"观念的影响，我国的设计研究大多存在着泛而不专、理论与实践脱节的现象，这种脱节不仅反映在设计理论与设计方案之间的不匹配，也反映在设计方案与工艺实践之间的断层；而国外的状况却正相反，其设计实践成果丰厚、卓著，相比之下的设计理论则薄弱很多，一般重在实践过程、结果的说明。

在设计实践环节，十四世纪末，英国、法国就出现了穿着时髦服装的玩偶，这些玩偶通常是用厚纸板做成的人像，目的是让富有者知悉流行时尚。十五世纪初意大利首先出现了制作精巧的布艺娃娃，而18、19世纪是德国、法国陶瓷娃娃的黄金时代，当时法国著名的朱莫公司，从烧制头部到缝制服装的每个环节都细心把控，最终将精美的娃娃销往世界各地。1860年左右，美国布艺娃娃进入工业化生产，出现了大量的包括真人孩童尺寸模样的霍斯曼人偶、乡村少女系列人偶、需要照看的婴儿人偶等大量手工娃娃。19世纪80年代中期，美国出现了许多制作精美、申请了专利的布艺人偶，这些艺术家手工制作的布艺人偶是收藏者非常喜爱的藏品。工业革命的到来，使制作人偶的材料日渐丰富，各种先进的科学技术成就也应用于人偶的设计生产，1878年，美国科学家爱迪生采用留声机制成会说话、会唱歌的人偶。20世纪多种塑料材料的出现，引起人偶在制作工艺、流行样式上的变迁，美国的美泰公司于1959年生产的芭比娃娃占据了现代时装娃娃的市场，成为近代时装人偶的代表。20世纪至今，人偶日益成为收藏、投资的潜力市场，艺术主张明确、富有人文内涵的个性前卫的布艺人偶日渐增多，它们甚至成为潮流时尚的风向标。

我国本土的布艺人偶，总体呈现两种态势。一种是艺术化的传统绢人，因从头到脚都选用上等丝绸、绢纱制作，故名绢人，最早出现于唐代贞观七年（公元633年），一度因战乱衰败，解放后在政府的重视下，在北京得以重生，故又名北京绢人。这种绢人价格昂贵，工艺精制，题材传统，多次被作为国礼送给外宾，距离普通大众的生活较远；而且由于其题材创新不足，商业性不足，目前濒临失传，其制作工艺，作为非物质文化遗产，极具传承意义并亟待传承。另一种则以原创性和审美性不足、做工粗糙的布艺人偶居多。在对西方流行文化、日韩潮流文化的学习参考中，我们疏离了自己优秀的传统文化，出现了急功近利式的模仿，没能很好地将民族经典形象与时尚流行元素有机结合，最终导致了布艺人偶造型设计缺乏原创性，在世界市场中不具备独有的民族特色与竞争力。当然，呈现不足的同时，也显示了国内布艺人偶的创作还有更广阔的发展空间。

中国戏曲是中华民族五千年文明史上极具意蕴的艺术瑰宝。以昆曲为例，其角色包括生、旦、净、丑四大行当，之下又细分为官生、巾生、正旦、闺门旦、大面、老外等二十家门，这些角色根植于深邃悠长的戏曲美学文化之中，在数百年历史传承中形成无数个性鲜明、光彩夺目、栩栩如生的人物造型。这些造型以妆面、服饰、砌末、动态等视觉元素来呈现，具有极为鲜明的文化内涵和审美特征，是中华民族极为珍贵和特色的传统文化元素，若能合理地运用于现代布艺人偶设计，必将产生良好的市场效应、艺术价值和社会效应。

借助本案客厅空间整体家纺的设计契机，我们进行了基于昆曲艺术视觉符号的现代布艺人偶的造型设计与工艺实践，目标在于设计富含中国文化内涵与特色的、趣味性与亲切感并存的系列布偶产品，使其成为客厅空间中的点睛之品，并由此开辟一条基于昆曲艺术视觉符号的现代布艺人偶的设计之路，为传统文化的传播发展做出贡献。

3. 本案布艺人偶的造型工艺

虽然在民间，特别是在日本、中国台湾的民间有很多布艺人偶造型设计与工艺的高手，但由于这部分内容比较琐碎、零散，且变化多，所以很少有书籍较为深入地研究其造型工艺，特别是对于那些细节精致、立体感、装饰性都较强的布艺人偶，以专业视角对其结构设计与制作工艺进行详解的资料更是无从找到，也使这部分知识、技能的传播处于一个封闭的状态。本书以昆曲布艺人偶为例，对该内容做较为深入的阐述。

（1）造型与结构设计。

布艺人偶的造型实现主要包括结构设计和缝制工艺两部分。在结构设计时，又要分别考虑人偶素体的结构和人偶服装的结构。

对于人偶素体的结构设计，本案布艺人偶为 Q 版人偶，其比例夸张，形态可爱，在结构设计时，需要通过合理设计轮廓结构及其结构线分割，使平面的结构能够完好地与立体形态相契合。人偶素体由头、耳、身体、手臂、腿五部分组合而成，其造型设计比例如图 7-25 所示，根据该比例，并结合 Q 版人物各组合部分的外廓造型，获得该人偶素体的结构图如图 7-26 所示。

需要特别说明的是，该人偶素体的头部立体造型是靠面料的弹力以及结构曲线的设计而形成的。为了保证面部的完整性，将头部结构设计为重叠的双层，包括内层头部结构和外层脸皮层结构。头部结构又包括头脸部、头后部、脸侧部三个独立的结构，其中头脸部与脸皮层上部结构尺寸相同，只有底部脸皮层比头脸部尺寸略大 0.5cm；头脸部和头后部上部尺寸结构相同，头脸部和脸侧部下部尺寸结构相同，头后部和脸侧部结构形成弯月形的重叠，以保证脑后部分的立体形态。人偶素体的成型需借助面料的弹力，所以在样板设计中，要特别注意设计弹力面料的纱向，以保证人偶素体各部分工艺成型后的美观与形态稳定性。

人偶素体的结构组成较多，每一部分的外轮廓线又以曲线为主，不宜加放过大的缝份，一般以 0.5~0.7cm 为宜，结合本款人偶素体的弹力针织涤纶材质，所有缝份设计为 0.5cm，人偶素体样板如图 7-27 所示。

对于人偶服装的结构设计，人偶虽小，但其服装结构设计与人的服装结构设计方法相同，只是做一定的简化，首先需要测量人偶各主要部位的基本尺寸，包括总长、腰长、腿长、臂长等长度尺寸，胸围、腰围、臀围、颈围等围度尺寸，肩宽、前宽、后宽等宽度

图 7-25　人偶的结构比例

尺寸，并在基本尺寸上加放一定的放松量，一般从胸围放松量入手。昆曲布艺人偶的服装放量不宜过大，以贴身或较贴身为好，一般胸围放量在以 6cm 左右。

（2）造型与工艺缝制。

在工艺缝制时，要分别进行人偶素体和人偶服装的缝制。

本案人偶素体的缝制工艺流程如下：

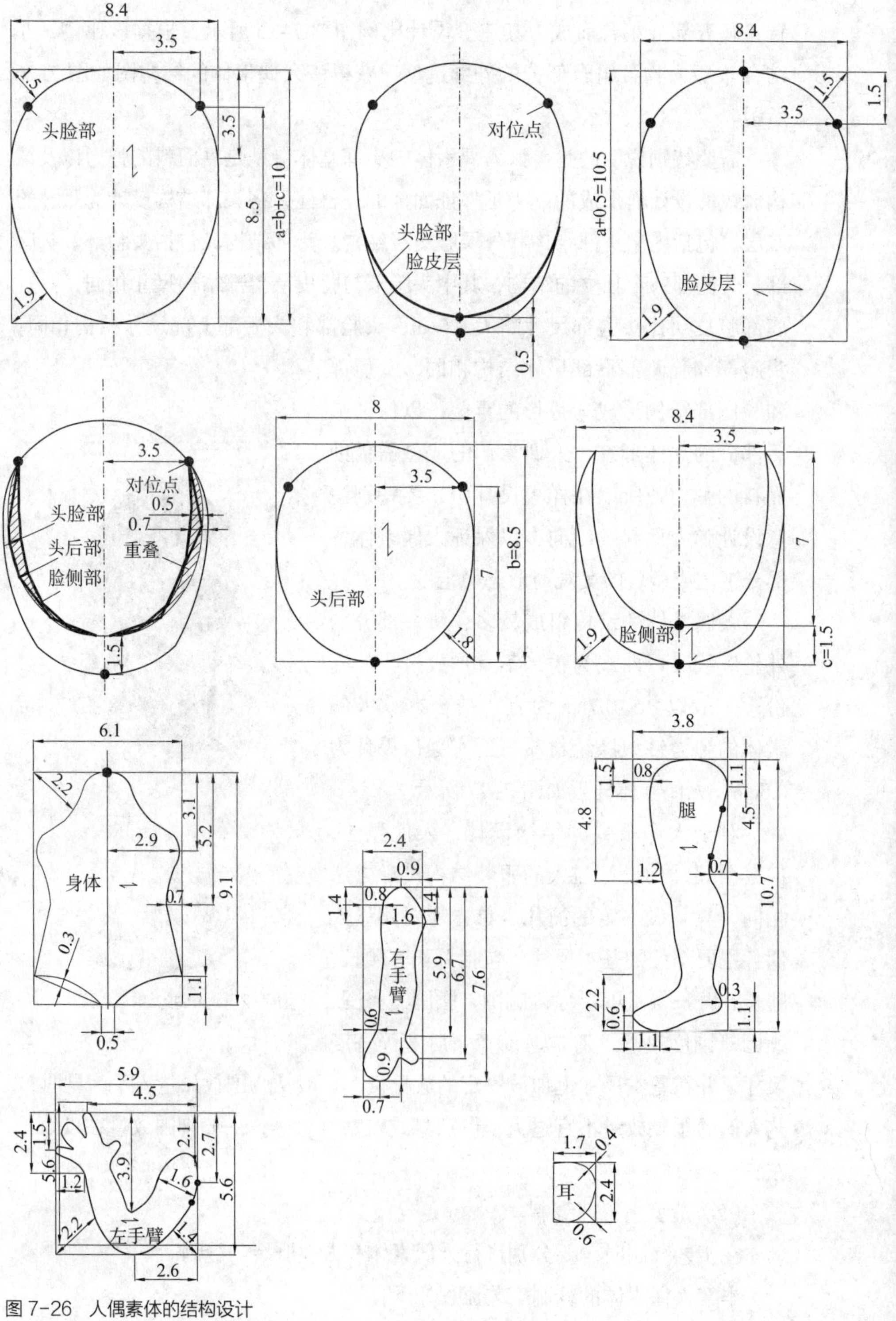

图 7-26　人偶素体的结构设计

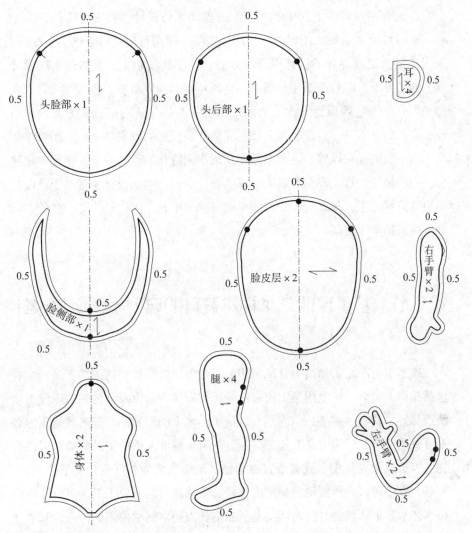

图 7-27　人偶素体的样板设计

　　验片——做头内层——做脸皮层——将头内层放入脸皮层并缩皱缝合（封口在头顶部）——绘、绣五官并化妆——做耳、装耳——做身体——做四肢并刻画手部细节——拼合身体与下肢——连接头部与身体——装上肢——粘贴铜钱头——做人偶发型——做发饰整理

　　人偶服装的缝制工艺与人的服装缝制工艺方法相同，只是在个别不重要环节可以进行适当的简化，而对于服装上的装饰图案，则可以采用手绘、刺绣或绘绣结合的工艺来完成。

综上所述，客厅空间中私人定制的整体家纺设计，首先要以用户为中心，通过对使用对象、使用时间、使用空间、使用目的等因素的分析研究，为用户量身定制适合的设计风格与方向；并在此基础上，在整体家纺设计理念的指导下，综合考量用户需求、空间特点、面料材质、色彩、图案、装饰、款式、工艺等设计元素，为用户定制具有优异的功能性、方便的使用性、宜人的审美性、合理的工艺性的家纺产品。尤为重要的是，定制整体要呈现出一致的外在风貌，定制单品要呈现出人性化的设计细节，使用户在使用时身心愉悦，真正享受到私人专属的设计关怀。本次设计实践基于昆曲艺术视觉符号之上，最终为用户营造了融现代、中式、美式风格于一体的多元混搭风格的客厅空间。

第二节　基于昆曲艺术视觉符号的典型家纺产品设计

典型家纺产品是指最为常见常用的、与生活密切相关的家纺产品，主要包括靠垫、坐垫、床上用品、窗帘、餐厨类家纺产品以及其他装饰陈设类家纺产品等。其中的靠垫，作为沙发、椅子、床上的附属品，是现代居室内必不可少的装饰品，其用途十分广泛，可以用来调节人体的坐卧姿势，可以当枕头，可以抱在怀中，或者放置在地毯、地垫上成为高低变化灵活的坐具。再者，靠垫可以灵活搬动，是室内色彩、质感调节的重要工具，可以使室内整体艺术效果达到更好的均衡。基于靠垫在家居空间中使用的普遍性和重要性，本节以靠垫为例来探讨昆曲艺术视觉符号在典型家纺设计中的应用。为了使设计分析更为深入并具有针对性，我们将昆曲服饰"靠"元素作为设计生发的灵感源泉。

靠作为中国戏曲舞台上最具视觉魅力的服装，以其夸张的款式造型、精美的装饰图案、精良的制作工艺，博得了大众的喜爱，也给设计师带来珍贵的创作灵感。

一、靠的特点

靠源于明代将官的绵甲戎服，这种绵甲戎服是一种具有上衣下裳相连结构的服装，大多以锦料为面，绸料为里，内衬用丝棉来制作，比胄甲更为柔软，具有更好的穿着舒适度与装饰性，往往给人以庄重威猛的视觉印象（图 7-28）。戏曲表演中的靠，就是以这种明代将官的绵甲戎服为原型，为表现古代战将身披铠甲所设计的舞台服装。

昆曲服饰中，靠属于二衣箱（昆曲衣箱分为大衣箱、二衣箱、三衣箱、盔箱、旗把箱、化妆箱），是武服、武扮的服饰，指武将所穿的戎服。与现实生活中的铠甲相比，是一种美化了的服饰，极大程度地装饰了演员的舞台形象，其整体造型宽松，结构为自腋下分离成前后两片，具有很好的活动功能性。在舞台上，随着角色精彩的做、打表演，其靠服饰的下摆也上下左右晃动，完美地表现出剧中人物威风凛凛、叱咤风云的视觉形象。按穿着对象性别，靠分为男靠和女靠，其外部造型简洁，而内部结构却极为复杂。如图 7-29 所示的粉红绉缎三蓝线绣勾金男靠，由靠领、靠身（胸甲、护肚等）、护腋、吊鱼、下甲、靠腿、靠旗、绣片组成，其款式为齐肩圆领、方肩、窄袖、束袖口，左右护肩形似蝴蝶，前后身由方肩相连，左右腋下有护腋各一块，衣长 153.3cm，两袖通长173.3cm，宽松肥大，威武而方便活动；纹样为龙、虎、鱼、海水江崖、回纹等，而靠地则用丁字甲纹、鱼鳞纹、锁子甲纹来装饰；色彩为粉色，一般用于英俊年轻的武将穿着；刺绣工艺采用具有层次渐变的三蓝色彩线，将彩线绣和彩线勾金绣相结合，形成英武而华丽的舞台装饰效果。

图 7-28　古代将军戎装

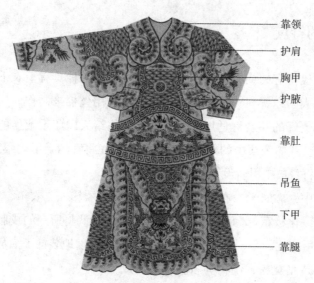

靠领

护肩

胸甲

护腋

靠肚

吊鱼

下甲

靠腿

图 7-29　粉红绉缎三蓝线绣勾金男靠

二、"靠"元素在典型家纺——靠垫设计中的应用

（一）"图案"元素的应用

昆曲服饰中"靠"精美繁复的装饰图案有着巧妙的符号寓意。男靠的主要底纹为甲纹，有鱼鳞纹、丁字甲纹和锁子甲纹，寓意铠甲；装饰纹样海水江崖纹，寓意翻江倒海；女靠主纹样为凤纹，常与寓意富贵的牡丹花搭配来衬托女将英武阴柔之美，这种以符号寓意烘托意境气势的方法正可用于家纺产品设计。以"鳞纹"为例，在造型简洁的家纺产品中，用改良的鳞纹描绘汹涌的波涛，配以相对柔和、明亮的色彩，更容易营造简洁、舒心、平静的感受（图 7-30，彩图 44）。又如图 7-31（彩图 44）所示的靠垫设计，将海水江崖纹局部截取并放大，以粗犷的麻绳、立体感强烈的轮廓线迹绣表现于靠垫之上，用以描绘

图 7-30　鳞纹装饰靠垫

图 7-31　海水江崖纹饰的靠垫

汹涌澎湃的波涛，表面装饰金属色铜环，寓意惊涛拍岸所激起的浪花，只是寥寥几针，就将粗犷辽阔的气势生动地表达出来。这种设计与昆曲服饰靠的图案寓意异曲同工，虽然改变了纹样依附的载体，但丝毫不失传统图案所带来的感受与意境，特别是简洁、局部的线条勾勒更加契合现代审美，更容易为广大消费者所接受。

（二）色彩元素的应用

昆曲服饰"靠"的颜色分为上五色与下五色，一般细分为红靠、绿靠、杏黄靠、深黄靠、白靠、黑靠、紫靠、粉靠、蓝靠、湖靠、古铜靠等，其使用有着严格的用色规范，主要表现不同角色的身份和特征，如红靠表示身份地位高贵或刚直不阿的将领，蓝靠则多用于英勇善战的猛将等。这种角色身份的色彩识别方式可延伸用于家纺设计。如在整体家纺设计中，可以通过为某个单品附色来提示或暗示设计的主题、风格、寓意等。昆曲服饰"靠"的色彩不仅起到角色定位的作用，而且以其华丽炫目的颜色、充满戏剧化的风格来装饰美化着昆曲舞台，而将这些色彩应用于家纺产品设计时，则同样产生醒目、浓郁的装饰效果。当然，现代设计会多方面考虑家纺产品的功能性和使用性，所以常常调整色彩的明度、纯度等，使其更加契合现代审美所追求的深沉庄重的感受（图 7-32，彩图 44）。

图 7-32　铁锈红色的靠垫

（三）造型元素的应用

"靠"的原型为戎服，其结构呈上衣下裳的形式，由前后两片衣身相接而成，这种结构在整个"中外服装史"上都是少见的。虽然戎服已经没有了保护身体的作用，但其甲胄的结构依然存在，使得"靠"在结构分割上显得尤为独特，给人一种衣非衣、甲非甲——"似与不似"的感觉。如图 7-33 所示的女靠，靠肚下端连缀重叠的吊鱼和飘带裙，是由两层数十条繁密的五彩飘带组成的，站定时以裙装示人，舞动时则呈现出飞扬绚丽的动

图 7-33　女靠的样式图

态之美。如果以靠的这种造型特点为灵感进行靠垫家纺设计，可以在其正面借鉴女靠飘带的装饰形式，并在每个飘带之间以拉链进行连接，通过拉链的拉合呈现可开可合的连缀状态，形成"分与不分"的巧妙构思，从而为家纺用品平添宜人的趣味性和互动性，并使产品具有独特的文化象征性（图 7-34，彩图 44）。

图 7-34　靠的造型元素应用

（四）刺绣工艺元素的应用

毋庸置疑，昆曲服饰"靠"上大量运用了刺绣工艺，而且特别突出的是其表面丰富的平金绣、勾金绣工艺，使靠服饰呈现出华丽而挺括的视觉效果，与之相通的是，刺绣在家纺上也运用十分广泛，如果将"靠"服饰所使用的平金绣、平银绣、勾金绣、绒绣等工艺应用在家纺产品中，则能使产品凸显古典美特征，并呈现出昆曲服饰"靠"元素所带来的独有的视觉感受，如图 7-35（彩图 44）所示。

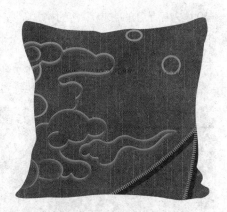

图 7-35　靠的刺绣工艺元素应用

第三节　基于昆曲艺术视觉符号的系列布艺玩偶设计

布艺玩偶是当下流行的休闲时尚玩具，特别受年轻消费者的喜爱，其造型深受流行文化、卡通文化、网络文化等影响，给人以轻松、幽默、亲切的心理感受，有良好的缓解压力、愉悦身心的作用。因此，今天的布艺玩偶除了具有原始的玩具功能外，又获得了非常广泛的功用，比如本项目的布偶，既是能传达苏州文化特色的旅游产品，又是能够点亮家居空间的精美装饰品。

一、项目解析与设计定位

苏州是闻名中外的旅游城市，其文化底蕴深厚，吸引了大批慕名而来的游客，但在苏州的旅游产品市场中，具有地方特色的时尚布艺玩偶产品屈指可数，本项目产品正是针对这个市场而开发。

（一）相关产品调研

七里山塘是苏州著名的旅游景观，被称誉为姑苏第一名街，是一条有1100多年历史的古街。它的格局最能代表苏州原生街巷的特点，因此，在每年的各个季节，游客都络绎不绝，在欣赏苏州传统风貌的同时，他们都会带走具有苏州特色的旅游产品。其中，非常著名的就是山塘拉猫（图7-36），这是目前尚存的几种传统玩具之一，以泥土烧制而成，猫头中空，底部嵌有

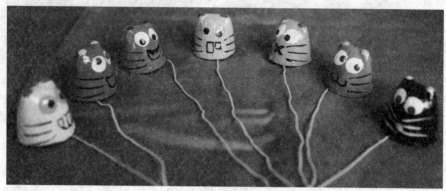

图7-36　山塘拉猫旅游产品

细绳，当用手拉捻细绳时，玩具能够发出模拟猫叫的声音。山塘拉猫这款民俗工艺品，曾经在很长的一段时间内，作为深受游客喜爱的旅游产品，承载着传播山塘民俗文化的功能。然而，时代的变迁使人们对玩具的需求发生了很大变化，今天的游客对于这款造型简单、工艺粗糙、形象不够鲜明的旅游产品缺乏兴趣，该产品已面临失传的危机。当前的状况是亟需对山塘拉猫产品进行再设计，使其符合现代游客对旅游产品的需求。因此，本项目将设计目标定位于山塘拉猫的创新设计，意在开发将七里山塘文化、苏州代表文化、流行时尚文化相融合的布艺玩偶。

（二）赋予设计以文化内涵

七里山塘有一个古老的关于山塘狸猫的传说。话说虎丘山是由老虎镇守的，有一天狮子来到虎丘挑战老虎，要把虎丘山占为己有，老虎为保住虎丘山，请来七只狸猫（传说狸猫是上古神兽，有千斤巨锁之力）帮忙，它们一起合力打跑了狮子并把它赶到了现在的苏州新区，即狮子山（故有狮子回头

望虎丘一说）。为了防止狮子再次来袭，老
虎请七只狸猫镇守在山塘街每一里路的桥
头，它们分别是：山塘桥畔"美仁狸"、通
贵桥畔"通贵狸"、星桥畔"文星狸"、彩
云桥畔"彩云狸"、青山桥"海涌狸"、西
山庙桥畔"分水狸"、普济桥畔"白公狸"。
因此，七里山塘又有七狸山塘之说。现在
这七只狸猫的七座石雕仍然镇守在山塘街
的七座桥畔（图 7-37），成就了山塘街和
狸猫的文化渊源。正是基于这样的文化背
景，本项目将山塘文化和狸猫联系在一起，
契合七里（狸）山塘的传说，将项目产品
确定为系列设计的七件布艺玩偶，并取名
山塘狸猫，且通过提炼山塘文化符号和狸
猫的视觉符号来体现产品的文化内涵。

图 7-37　山塘狸猫石雕

　　昆曲艺术发源于苏州昆山，在六百年的发展历程中已经升华为吴文化的
代表之一，而山塘街曾经是苏州的槽运要道，在这里车水马龙，商贾云集，
更是昆曲表演的繁华所在。基于此，本项目将昆曲艺术视觉元素引入系列布
艺玩偶的造型设计，意欲契合七里山塘的文化特色，更要借昆曲艺术的雅韵
来提升布艺玩偶的文化品味。

（三）设计定位

　　基于以上分析，布艺玩偶的设计定位如下。
　　首先产品是承载苏州山塘传统文化的旅游产品，在设计时吸取现有产品
的不成功经验，新开发产品要能够引起游客的喜爱甚至厚爱，不仅具有旅游
产品的纪念意义，同使也要让游客产生拥有、收藏、馈赠他人等欲望，所以
该布艺人偶还定位在能够装饰家居空间的布艺装饰品。
　　融入昆曲艺术视觉符号，契合七里山塘的传说，设计一个系列七件山塘
狸猫布艺玩偶造型。七只狸猫分别为美仁狸、通贵狸、文星狸、彩云狸、海
涌狸、分水狸、白公狸。
　　通过对形态、色彩、图案、材质等元素的把握，山塘狸猫造型既要充分

体现吴文化的韵味，又要契合当代年轻人对卡通文化、流行文化、网络文化的偏好，设计风格确定为诙谐、趣味、可爱、令人难忘的风格。

二、山塘狸猫系列布艺玩偶的创新设计

（一）造型设计

首先是狸猫拟人化与人物 Q 化的设计思想。将传统故事传说与现代流行文化相结合，主体形象采用 Q 版拟人化造型，这种造型亲切、可爱，能够给人以轻松、诙谐的心理感受，是各类玩偶造型设计中最为常见并深受喜爱的造型。第二是装扮昆曲角色化，将昆曲生、旦的角色装扮与七里山塘的传说结合起来，设定系列布艺人偶为五生两旦的角色组合。形态设计借鉴传统拉猫敦实的特征，并追求现代设计简洁、利落、几何化的造型，而且要考虑既符合现代审美偏好，又具有一定的工艺便利性。

（二）图形设计

系列布艺玩偶的图形设计，包括妆面、表情、神态、服饰、砌末等元素的表现和刻画。基于整体造型设计的简洁，图形设计则考虑做更为丰富、细腻、精致的刻画，以使设计风格与昆曲艺术表现风格相融相通。当然，对于繁复的妆面、服饰、砌末等元素需要进行提取、简化和夸张，使其具有现代设计的符号化特征。系列布艺玩偶的图形设计最终确定以提取昆曲生、旦俊扮角色的眼部化妆元素；提取狸猫造型的鼻、口和胡须元素。为了获得更为丰富的视觉效果，个别玩偶的面部设计融入净、丑扮角色的典型妆面元素；提取昆曲服饰的戏衣款式元素、纹样元素、水袖元素、帽元素和头饰元素；个别玩偶中融入一定的砌末元素。整体图形设计力求获得简洁生动、精致细腻、变化统一的视觉效果。

（三）色彩设计

系列布艺玩偶的色彩设计，首先契合山塘文化，对数字"七"予以强调，每个布偶具有明确的主色，分别为赤、橙、黄、绿、青、蓝、紫七色。其次，是对昆曲角色造型用色方式的借鉴。昆曲角色造型中的色彩应用建立在中国传统哲学观和美学理论基础之上，凝聚了最具中国审美意蕴的文化内

涵，其用色注重强烈的对比与调和色彩的融入，讲究整体的色调均和，总能给人以浓妆淡抹总相宜的视觉感受。将昆曲角色造型的色彩符号运用到布艺玩偶的色彩设计中，能够使作品具有昆曲明艳而温婉雅致的艺术品味。系列布艺人偶最终的设计效果图如图 7-38（彩图 45）所示。在此设计中，当以艳丽的橙、香作为布偶主色时，融入了一定比例的赭石色使布偶整体色彩沉

图 7-38　系列布偶设计效果图

下去，且设计将赭石色作为系列产品中多次出现的调和色彩，使系列产品的整体观感变得厚重起来。

（四）材质选择

　　系列布偶设计追求令人难忘的视觉效果，强调产品与其他同类产品的差异性，所以在材质选择时，考虑使用具有靓丽、细腻的光泽且会产生耀眼而华丽的视觉效果的丝绸类面料。本设计的初衷是将具有苏州特色的昆曲文化与山塘狸猫的古老传说相结合，设计出符合昆曲文化气质，具有靓丽、时尚、民族味的外在形象和深厚文化内涵的旅游产品，因此，我国传统而经典的丝绸面料当然是不二之选。同时，考虑到作为布偶表面材料，普通绉、绸

类丝绸可能效果有余而牢度不足，而密度、厚度都比较好的大缎类丝绸，能够满足光泽度、材质细腻度、牢度、造型效果等要求，因此，主题形象的面层材料最终确定为丝绸类大缎。

（五）工艺设计

系列产品具有简洁的外形、靓丽的色彩、丰富而精致的妆面，为了有效而精准地以实物形式表现设计方案，系列产品选择数码印花工艺来进行布艺玩偶的表层图案的实现。在结构设计上，综合考虑美观性、经济性，应尽量减少分割线与裁片数，最终设计了造型设计与结构设计巧妙结合的、左右对称的类扇形整体一片式结构（图7-39），并同时设计布偶造型与之相对应的平面展开图。当工艺实现时，利用数码印花工艺将布偶造型的平面展开图喷印其上，然后通过对整体一片式结构裁片的简单缝制获得立体布偶实体。布艺玩偶的平面展开图设计，需要考虑以下两个问题。

第一，将原始设计图形转化到整体一片式结构的平面展开图时，需要对原始设计图形进行适当的比例变换。整体一片式结构的平面裁片，通过缝制手段将形成一个类圆台的立体形态，若要使所缝制的立体形态获得与原始设计图形相一致的视觉感受，需要在原始设计图形转化到平面展开图时，对其做宽度方向的拉伸，从理论上讲，拉伸后宽度应为原始宽度的 $\pi/2$ 倍，以便成型后立体形态的主视图等于原设计图形，但在实际应用中，$\pi/2$ 的拉伸量会使布艺玩偶的五官变形过大，成型后难以获得与原始造型相符的视觉形象，所以，经过反复试验调整，最终得到的经验数据是：将原始设计图形在宽度方向拉伸1.2倍后用于平面展开图，能够获得与原始设计最相符的造型效果。

图 7-39 布艺玩偶的整体一片式结构

第二，将原始设计图形转化到整体一片式结构的平面展开图时，需要综合考虑裁片结构，同时设计原始造型的正面、侧面、后面和顶面图形。其中，类扇型左右对称轴为设计中心轴，依次对称布置角色造型的正面，分别向左、向右布置角色造型的左侧面、右侧面、以及后面，延伸至类扇形顶部的三角形分割结构，从正面向上、向左、向右布置角色造型的头顶与头后部，最终形成如图 7-40 所示的能够进行数码印花的、与裁片结构相结合的平面图形。

在工艺处理上，将真丝大缎的裁片反面粘贴有纺黏合衬，而底面粘贴树脂衬，以利于增加产品牢度和塑型。在缝制过程中，首先会通过缝合面布的各对位结构曲线而获得类圆台的玩偶立体，通过内芯填充珍珠棉来获得饱满、紧致、稳定的立体造型。对于生、旦角色的帽饰或头饰，采用印、立体绒球装饰相结合的表达方式来实现（7-40，彩图46）。最终系列装饰布艺玩偶的实物效果如图 7-41（彩图 47）所示。

图 7-40　布偶帽饰的表现

图 7-41　系列布艺玩偶实物

（六）系列化规格尺寸与功用

作为代表七里山塘文化特色的旅游产品，该系列布艺人偶的尺寸设计呈现系列化特征，分别为S、M、L、XL四种号型规格，其高 × 直径的外廓尺寸分别为 10×7（高 × 直径）、16×11、35×24、60×41。不同规格尺寸系列布偶的功用有所不同。S号布偶尺寸设计参照了人体工程学数据，适合多数人手抓握的尺寸，主要以系列产品的形式进行销售，产品功用为旅游产品、手办、室内装饰小品的组合；M号布偶尺寸最适合单件或几件自由组合来使用，主要以单品、单品组合、系列产品的形式进行销售，其产品功用为旅游产品、馈赠礼品、室内装饰摆件；L号布偶尺寸适合单件或两到三件自由组合来使用，主要以单品、单品组合的形式进行销售，其产品功用为旅游产品、室内装饰布艺产品；XL号布偶尺寸最适合单间或两件使用，其产品功用为旅游产品、室内落地式装饰布艺产品。

本项目开发的布艺玩偶，具有时尚化的外在形象、苏州七里山塘文化的内涵以及昆曲艺术的韵味，是能够传达苏州文化特色的旅游产品。当游客将其带走之后，不论是单品、单品组合还是系列产品，都呈现出精致、雅韵、细腻的吴文化特征，既可以成为馈赠友人的礼品，又能够成为点亮家居空间的精美装饰产品。

一、昆曲艺术视觉符号与现代家纺产品设计文化相结合

昆曲艺术视觉元素现代符号化不能单纯地拿来主义，而应该与现代家纺产品设计文化相结合。在符号再设计过程中，既不能片面强调视觉元素原形式风格，也不能为符号现代化而全盘否定昆曲艺术视觉元素中的精髓。在昆曲艺术文化中，仍有许多至今值得我们借鉴、继承、改良、发扬光大的部分。要突破对传统昆曲艺术视觉元素中具象形态的禁锢认识，将具象形态抽离成某种精神，并以此符号化，实现家纺文化的蜕变与更新。基于昆曲文化的家纺设计只有融入时代精神和切合时代的生活方式，才能实现其自身的新文化重建。

二、对传统元素的符号化再造

对于昆曲艺术视觉元素的符号化再创造，不是简单地照搬照抄，也不是将传统元素运用现代科技手段加以复制和变形，而是要在领悟和理解昆曲艺术文化精华的基础上，结合对现代审美观念的把握，运用现代多元化的表现技法与技巧，将昆曲艺术视觉元素加以改造、提炼，并进行符号化运用，使其富有一定的时代特色，或者把传统元素的构成方法与表现形式运用到现代设计中来，以表达设计理念，同时体现昆曲艺术文化的个性特征。

三、寓意的升华

昆曲艺术视觉符号带给我们的不仅是一种视觉上的美感，还有浓郁的文化象征寓意，这就意味着我们在设计中要更加重视并把握这种寓意的升华。如昆曲服饰图案所表达的吉祥寓意，昆曲妆面符号所表达的角色性格寓意，昆曲工尺谱所表达的文化寓意，都同样适用于现代设计。然而在表现形式上，也要注重寓意所对应的表达方式，如具有吉祥寓意图案所要求的对称和完整，各组成元素之间需建立的有机联系，一定的谐音和象征性的表达方式等，都可以融入现代设计技法，用于传达现代人的设计意念。

四、批判中传承，传承中创新

现在全球化趋势日益明显，在家纺设计领域，由于国外各种设计思潮的涌入，我们固有的价值观和审美观发生了动摇，许多作品远离了民族个性和本土化，从长远来看，我们的家纺设计有可能因此失去自己的设计语言，这样的结果不免让人担忧。

有人说过："民族的就是世界的。"近年来世界家纺返璞归真的民俗风格和异国情调风格的流行，使具有民族传统特色的设计，如应用昆曲艺术视觉符号的家纺产品存在着广阔的消费市场，但昆曲艺术视觉符号在现代家纺产品设计中的运用，不能一味实行拿来主义，不是照搬和抄袭，而是要对昆曲艺术文化品位进行批判地传承，传承中加以时尚创新。不论是表现形式上，还是在文化内涵上，昆曲艺术视觉元素都可以为现代家纺设计提供丰富的素材和有益的启示。在进行设计时，要分析、重新解读昆曲艺术文化精神和精华，并结合现代文化和思维方式，再与设计师对设计课题独到的审美看法等糅合在一起，使其成为一种新的形态。这样可赋予昆曲艺术文化元素新的文化内涵和生命力，使这些新的形态成为现代家纺设计中不可或缺的一部分。

人类每一个设计的产生其实都是从历史的沉淀中走出来的，传统孕育了现代，现代在也传统中汲取营养。民族传统和文化底蕴是现代设计师创作灵感的源泉，因此，我们可以从昆曲文化艺术中汲取养分，萃取精华和神韵，并将其融入现代设计。昆曲艺术的雅韵、细腻、精致、美轮美奂等早已被世界所认同，其诱惑力亟待在贴有"中国设计"标签的家纺产品上被传达和发扬，所以我们必须传承和发扬昆曲艺术文化，使其在新的时代背景下展现出耀眼的光辉。

参考文献

［1］白先勇. 传统文化与古典戏曲［M］. 武汉：湖北教育
出版社，2004.

［2］白先勇. 姹紫嫣红开遍——《牡丹亭》四百年青春之
梦［M］. 桂林：广西师范大学出版社，2004.

［3］吴新雷，俞为民，顾聆森，等. 中国昆曲大辞典［M］
. 南京：古吴轩出版社，1998.

［4］本书总编辑委员会（戏曲 曲艺）编辑委员会. 中国大
百科全书：戏曲曲艺［M］. 北京：中国大百科全书出
版社，1983.

［5］刘月美. 中国昆曲衣箱［M］. 上海：上海辞书出版
社，2010.

［6］刘月美. 中国昆曲装扮艺术［M］. 上海：上海辞书出
版社，2009.

［7］栾冠桦. 角色符号——中国戏曲脸谱［M］. 上海：三
联书店，2005.

［8］王丽梅. 古韵悠扬水磨腔——昆曲艺术的流变［M］.
杭州：浙江大学出版社，2006.

［9］周秦. 苏州昆曲［M］. 苏州：苏州大学出版社2004.

［10］钱璎. 苏州戏曲志［M］. 苏州：古吴轩出版社，
1998.

［11］杨守松. 大美昆曲. 南京：江苏文艺出版社，2014.

［12］胡忌，刘致中．昆剧发展史［M］．北京：中国戏剧出版社，1989．

［13］王永健．昆曲与苏州［A］·中国昆曲论坛［M］．苏州：苏州大学出版社，2003．

［14］郑传寅．传统文化与古典戏曲［M］．长沙：湖南人民出版社，2005．

［15］邱紫华．东方艺术与美学［M］．北京：高等教育出版社，2004．

［16］朱琳．昆曲与江南社会生活［M］．桂林：广西师范大学出版社，2007．

［17］谭元杰．戏曲服装设计［M］．北京：文化艺术出版社，2000．

［18］陈从周．说园［M］．济南：山东画报出版社，2002．

［19］周维权．中国古典园林史［M］．北京：清华大学出版社，1999．

［20］余秋雨．文化苦旅［M］．上海：东方出版中心，1992．

［21］徐建融．中国园林史话［M］．上海：上海书画出版社，2002．

［22］高小红．家纺产品整体设计研究［M］．北京：中国纺织出版社，2017．

彩图 1　餐厅空间的家纺产品整体设计

彩图 2　单独纹样

彩图 3　家纺产品色彩与环境的共生

彩图 4　中式风格的靠垫款式

彩图 5　残缺型引用应用于靠垫设计

彩图 6　Q 版人物的插画设计

彩图 7　靠垫的设计　　　彩图 8　传统麒麟符号在家纺中　　　彩图 9　服饰廓形符号在家纺
　　　　　　　　　　　　　　　　　　的应用　　　　　　　　　　　　　　　产品中的应用

238

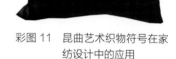

彩图 10　服饰廓形符号在靠垫设计中的应用　　　彩图 11　昆曲艺术织物符号在家
　　　　　　　　　　　　　　　　　　　　　　　　　　　　纺设计中的应用

彩图 12　中式古典风格

彩图 13 中式田园风格

彩图 14 新中式风格

彩图 15 混搭风格（二）

彩图 16　相同色彩基调的整体家纺设计

彩图 17　以某一色彩为基础的整体家纺设计

彩图 18　以对比色为基础的整体家纺设计

彩图 19　定色变调的整体家纺设计

彩图 20 母题重复的整体设计

彩图 21 同一题材的变化设计

彩图 22　定型变调的整体设计（一）

彩图 24　昆曲布艺人偶

彩图 23　款式统一的整体设计

彩图 25　整体家纺的设计效果图

彩图 26　整体家纺的平面款式图

彩图 27　客厅整体家纺的色彩

彩图 28　客厅整体家纺的面料

彩图 29　旦角妆面的基础造型

彩图 30　整体家纺的主题图案和图案系列

彩图 31　本案贴布图案靠垫款式图

彩图 32　第二组靠垫

彩图 33　第三组靠垫

彩图 34　第四组靠垫

彩图 35　第五组靠垫

彩图 36　纸巾盒套的款式图

彩图 37　边桌盖布的款式图

彩图 38　布艺装饰画的款式图

彩图 39　地垫款式图

彩图 40　本案昆曲布偶的款式图

彩图 41　台灯罩的装饰优化

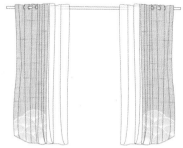

彩图 42　本案窗帘款式设计（白色为纱帘、
　　　　　蓝色为遮光帘）

彩图 43　客厅空间整体家纺效果图

彩图 44　典型家纺产品的系列设计表现

彩图 45　系列布偶设计效果图

彩图 46　布偶帽饰的表现

彩图 47　系列布艺玩偶实物

表 2-1 昆曲旦角妆面的分类与造型特征

分类	图片	代表人物	造型特征
老旦		《牡丹亭》中杜母、《荆钗记》中王母、《精忠记》中岳母	现代老旦也做粉黛面妆，但用色最淡，眉眼也不多加修饰。而过去老旦的角色完全不施脂粉，称"清水脸"
正旦		《琵琶记》中赵五娘、《窦娥冤》中窦娥、《慈悲愿》中殷氏	正旦眉眼的勾画要清秀，略显素雅，颊红较淡，眼线和眉毛较精致，眼型更细长，脸型以鸭蛋形为一般标准，整体造型端庄大方，头饰以戴点翠和银丁头面为主。多为已婚中年妇女，性格刚烈、举止端庄的正面或悲剧人物
作旦		《浣纱记》中伍子、《邯郸梦》中番儿、《白兔记》中咬脐郎	作旦是年幼的儿童，不分男女。用色上注意红色与白色的搭配，用红润的脸颊表现儿童的生气；用白粉的肤色来表现儿童的粉嫩。家门虽属旦，而其扮演的人物却大多是男性，以扮演小男孩为多，表演风格天真稚气
刺杀旦（四旦）		《铁冠图·刺虎》中费贞娥、《一捧雪·刺汤》中雪艳娘、《义侠记·杀嫂》中潘金莲	妆面浓淡与武旦同，比闺门旦、正旦略浓艳。刺杀旦并非武旦，除了刺杀时有些翻扑打斗外，演唱时必须要能准确地表现人物的个性，同时扑跌功夫不可少。包括刺杀别人的"刺"与被别人刺杀的"杀"两类
闺门旦（五旦）		《牡丹亭》中杜丽娘、《玉簪记》中陈妙常、《长生殿》中杨贵妃	妆面素雅，以粉白为底，配以黛青色的柳眉、凤眼、更加细长的眼线，能很好修饰脸型的大小片子，以层次渐染的玫红色腮红，表情含蓄、宁静。一般为年轻美貌的少女，待字闺中的小姐或新婚少妇，是昆曲挑梁的行当，有最多的昆曲经典剧目

分类	图片	代表人物	造型特征
帖旦（六旦）		《牡丹亭》中春香、《西厢记》中红娘、《水浒记·活捉》中阎婆惜	妆面浓艳，眼睛较圆，眉心施一红点。穿坎肩彩裤，系腰巾，持团扇，不带水袖。一般是天真烂漫、性格开朗的妙龄女子或是小丫鬟，性格伶俐活泼，往往有独立身份、自主的言行及鲜明的性格，在不少戏中是重要或最重要的角色
武旦		《西游记》中铁扇公主、《扈家庄》中扈三娘	妆面浓淡比闺门旦、正旦略浓艳，但比帖旦素淡。表演要求敏捷、伶俐，尤其以眼神犀利，腰肢、脚下灵巧为首要。一般是武将和江湖人物中的各类女侠。表演上唱、念、做、打并重，要把动听繁重的唱段、高难度的作功配合在精彩的武打之中

表 2-2　昆曲生角妆面的分类与造型特征

分类	图片	代表人物	造型特征
大官生		《长生殿》中唐明皇、《邯郸记》中吕洞宾、《千忠戮》中建文帝	大官生多数并非青年，年龄较大，带黑色髯口，印堂的红粉较淡，上部呈圆形。帝王、高官皆以大官生应工。表演上要求气度恢弘，或风流豪放，或秉性方正
小官生		《琵琶记》中蔡伯喈、《金雀记》中潘安、《牧羊记》中李陵	小官生所扮角色大多是青年为官者，年龄较轻，不带髯口，依据演员的唇型用红色涂唇，注意在唇化妆时使下唇保持略方造型。印堂的红彩偏圆。在表演上着重突出一种少壮得志、风流潇洒的神情意趣

分类	图片	代表人物	造型特征
巾生		《牡丹亭》中柳梦梅、《玉簪记》中潘必正、《西厢记》中张君瑞	巾生是未做官或未及冠的风流书生，头戴方巾，手持折扇。表演讲究潇洒儒雅，风流蕴藉，着重体现人物温柔多情而又不失男性之阳刚和浓厚的书卷气。印堂的红粉极淡或不画，口红按照演员的唇形涂抹
雉尾生		《连环记》中吕布、《白兔记》中咬脐郎、《西川图》中周瑜	小生之雉尾生多为武将，头戴插有雉尾的紫金冠，即翎子。印堂的红粉要重要长，眉眼吊得较高较紧，以此来表现少年英俊。口形不可过小，一般上唇口红按照演员的唇形涂抹，下唇略方
鞋皮生		《绣襦记》中郑元和、《彩楼记》中吕蒙正	鞋皮生是典型的落魄书生，脚穿拖踏着鞋后跟的鞋，在表演上，动作带有一定的穷酸相。鞋皮生的妆扮大多敷色浅淡，不画印堂处红彩，玄色的高方巾低压，身穿富贵衣，以示一旦时来运转必定富贵
武生		《界牌关》中罗通、《宝剑记》中林冲、《义侠记》中武松	武生英武矫健，大都扮演擅长武艺的青、壮年男子，分长靠武生和短打武生两类。长靠武生扎大靠，讲究武打、功架并重，短打武生身着紧身短装，偏重于武打和特技的运用。武生上眼皮的胭脂稍淡，印堂的红粉重且长，表现得更为粗犷
老生		《牧羊记》中苏武、《满床笏》中郭子仪、《渔樵记》中朱买臣	大都是正面人物的中年男子，面部略敷粉底，印堂上略抹红彩，色不宜深，眉要浓黑细长，眼圈的黑色较重，但不宜过宽。造型以黑三髯口为主
末		《荆钗记》中李成、《一捧雪》中莫成、《牡丹亭》中陈最良	末是地位较次的老生，造型带黑髯口或彩色髯口，一般扮演比同一剧中老生作用较小的中年男子，是专门扮演中年以上、蓄须带髯的角色

250

分类	图片	代表人物	造型特征
外		《浣纱记》中伍子胥、《长生殿》中李龟年、《义妖记》中法海	外的年龄比老生更长，所扮角色多半是年老持重者，造形以白髯口为主。其扮演对象颇广，上至朝廷重臣，下至仆役或方外之人

表 2-3　昆曲净角妆面的分类与造型特征

分类	图片	代表人物	造型特征
大面		《千金记》中项羽、《风云会》中赵匡胤、《九莲灯》中火德星君	大面的妆面（脸谱）以红、黑两色为主。所扮演的角色多为净行中地位较高，性格勇武、暴烈的一类人物。表演基调要求威武沉毅、粗豪雄浑，注重气势与功架，身段动作幅度比较大，分文净与武净，其中文净更重威武，武净更重粗犷
二面		《单刀会》中周仓、《西游记·胖姑》中张老汉	二面以配角形式出现，扮演的人物类型身份地位比大面要低一些。一般二面不会单独出现，舞台上有主角的情况下，二面才会出现，相当于男配角。例如，《单刀会》中有大面关羽，才配以二面周仓
白面		《长生殿》中杨国忠、《精忠记》中秦桧、《连环记》中董卓	冠带白面是扮演比较有身份的、官职较高的奸臣类反派人物，阴鸷、奸诈，表演讲究端架子，富有气势，化妆造型除眼纹和眉心勾黑外，整脸全部涂以白粉
邋遢白面		《绣襦记·收留》中扬州阿二、《十五贯》中尤葫芦、《一文钱》中罗和	邋遢白面多是配角，扮演社会地位低下的平民百姓，除面涂白粉以外，在眼角、鼻窝等处加上一些黑纹，表演以念白为主，说话粗鲁、直率、不着边际，会用吴方言插科打诨，引观众发笑

251

表 2-5　昆曲净角脸谱造型特征

分类	图片	代表人物	造型特征
整脸		《风云会》中赵匡胤、《千金记》中项羽	是最基本的谱式之一，多用于威严庄重的正面人物，将整个面部涂抹成一种脸色，然后在整脸色彩的基础上再勾绘出符合人物个性的眉、眼、鼻、嘴和纹理
三块瓦脸		《甲申记》中李过、《牡丹亭》中胡判官	是最基本的谱式之一，多用于英勇的武将。是在整脸的基础上，将眉、眼、鼻的颜色加重、突出，在脑门和左右两腮勾绘出三块主色，像三块瓦一样。随着脸谱谱式的发展，三块瓦脸如今已演化出更多细化谱式，如花三块瓦脸等。三块瓦脸谱式用途广，正反人物都可以使用
和尚脸		《虎囊弹》中鲁智深、《南西厢》中惠明、《昊天塔》中杨五郎	专用于和尚的脸谱，也属于三块瓦脸的大类中。特点是腰子眼窝、花鼻窝、花嘴岔，脑门勾一个舍利珠圆光或九个点，表示佛门受戒
番王脸		《精忠记》中金兀术、《长生殿》中安禄山	专用于番邦王的脸谱，一般用色较多，色块感明显，比较花哨、细碎
象形脸		《西游记》中孙悟空、《白蛇传》中虾兵蟹将	用于表现各种神、魔、鬼、怪和动物，有的是将整个脸画成动物形状，有的是在额头画以符号性的具象或抽象图案